U0304617

Tasty Food
食在好吃

女人不变老
这样吃最好

甘智荣 主编

江苏凤凰科学技术出版社

图书在版编目（CIP）数据

女人不变老这样吃最好 / 甘智荣主编 . -- 南京：
江苏凤凰科学技术出版社 , 2015.10（2019.4 重印）
（食在好吃系列）
ISBN 978-7-5537-4254-0

Ⅰ . ①女… Ⅱ . ①甘… Ⅲ . ①女性－保健－食谱
Ⅳ . ① TS972.164

中国版本图书馆 CIP 数据核字 (2015) 第 049192 号

女人不变老这样吃最好

主　　　编	甘智荣	
责 任 编 辑	樊　明	葛　昀
责 任 监 制	曹叶平	方　晨

出 版 发 行	江苏凤凰科学技术出版社
出版社地址	南京市湖南路 1 号 A 楼，邮编：210009
出版社网址	http://www.pspress.cn
印　　　刷	天津旭丰源印刷有限公司

开　　　本	718mm × 1000mm　1/16
印　　　张	10
插　　　页	4
版　　　次	2015 年 7 月第 1 版
印　　　次	2019 年 4 月第 3 次印刷

标 准 书 号	ISBN 978-7-5537-4254-0
定　　　价	29.80 元

图书如有印装质量问题，可随时向我社出版科调换。

前言 Preface

世界上没有丑女人，只有懒女人。虽然我们经常听说"天生丽质""一白遮三丑"这类的话，但事实上，美丽不仅仅专属于那些底子好的女人，底子再好，如果不懂得保养，美丽也会很快远离你。相反，或许你长得平淡无奇，但只要经过悉心地保养和调理，你也可以魅力绽放、美丽动人。因此说，女人的美丽是靠后天养成的。

爱美是女人的天性，没有人会觉得自己已经足够美，美丽没有最美，只有更美，想要自己越来越美，就必须要学会保养、学会美容。说到美容，很多人或许都会联想到护肤品和化妆品。其实，女人外表的美丽和身体内部的健康是密不可分的。身体健康，气色就会好，情绪就会佳，自然就会变美丽。所以，女人的健康是美丽的基础，注重内调外养是打造美丽容颜的不二法宝。而食疗养生，就是女人内部调理的极佳选择。

所谓药膳，就是药材与食材相配伍而做成的美食。女人身体各方面的不适可以通过药膳来进行改善。药膳是一种天然健康而又有明显效果的科学美容方法，与其他美容养颜方法相比，具有物美价廉、制作简便、容易坚持的优越性。一些上班族可能觉得药膳的烹饪会浪费她们很多的时间，其实药膳烹饪跟其他饭菜烹饪一样，操作简单、取材便捷，而且营养丰富、美味可口。此外，不同的药材、食材的功效又各有不同，例如，多食红枣可补血，煮汤时加入红枣就有补中益气、养血安神的功效，脸色暗沉蜡黄的女性可多吃；鸡骨草具有清热利湿、散淤止痛的功效，与生鱼同煮能起到润肤去皱的功效；苦瓜可清热泻火、明目解毒、利尿凉血，与豆腐同食，可辅助治疗咽喉肿痛、痤疮疔疖……从以上例子可以看出，女性可以根据各自体质以及需求，选择不同的药材、食材来做成美味的食疗膳食。

《黄帝内经》被后世称誉为"医学之宗"，也是后人常用常新的养生宝典，其中的养生之道蕴藏着大智慧，在女人美容养颜方面也有着独特的见解。《本草纲目》的出现，更是在全世界范围内刮起了一股自然风，不管是吃的还是用的，都强调回归自然，容颜养护方式也是如此，天然本草越来越受到女性的青睐。本书参考《黄帝内经》《本草纲目》两大著作，利用本草内调外养从而达到美容养生的目的，全书分为五篇，分别从美白护肤、排毒美体、滋补调养、四季养颜和防病祛病五个方面列举食疗膳方，打造了一本每个女人都想拥有的食疗美容宝典，让女人从头到脚、由内而外都散发出迷人气息。

目录 Contents

吃对食物为美丽加分

女人抗衰老食物推荐

对抗衰老，要靠吃！肾主藏精，要想保住年轻容颜，首先要把肾养好。日常生活中要注意合理膳食，多吃一些黑色食物以及补肾的食材，或者利用药材与食材的相互结合，煮出美味又富含营养的药膳，让你从内到外都保持年轻！

青春是无限美好的，所以女人极力想留住青春、拒绝衰老。中医认为，肾主藏精。肾精充盈，肾气旺盛时，五脏功能运行正常。而气血旺盛，则容颜不衰。当肾气虚衰时，人就会表现出脸色黯沉、鬓发斑白、齿摇发落等未老先衰的症状。肾阳虚体质者更会导致身体功能的退化，在皮肤方面则表现为肌肤呈现老化的状态，皱纹出现在脸上。所以，要想让衰老来得慢些，首先要把肾养好！

肾为先天之本，而"黑色入肾"，所以我们可以通过多食用一些黑色食物以达到强身健体、补脑益精、防老抗衰的作用。那么，什么是"黑色食品"呢？"黑色食品"有两种含义：

一是黑颜色的食品，二是粗纤维含量较高的食品。常见的黑色食品有黑芝麻、黑豆、黑米、黑荞麦、黑葡萄、黑松子、黑香菇、黑木耳、海带、乌鸡、甲鱼等。

此外，还可以经常吃一些富含胶原蛋白的食物，如猪蹄、猪皮等。猪蹄和猪皮中含有大量的胶原蛋白，常常吃煮得酥烂的猪蹄、猪皮，不仅能为肌肤补充大量的胶原蛋白，还能延缓衰老，让你面色红润，气色越来越好。下面这道具有补肾健脾、润肤抗皱功效的红枣猪皮汤就适合常常做来吃。取猪皮300克、黑豆150克、红枣20克，先将猪皮去毛、洗净，用水焯过后切块备用，然后将洗净的黑豆、红枣（去核）放入煲内煲至豆烂，再加入猪皮煮半个小时，最后放入盐调味即可食用。

其他抗衰的食物还有，例如我们日常生活中吃到的鱼肉、莲藕、鸡蛋、红糖和蜂蜜，都是非常有效的抗衰食材，让我们来看一下这些食材的奇特功效吧！

鱼肉

肌肤紧致的秘密。要想拥有年轻、紧致的皮肤，没什么比吃鱼肉更加有效了。鱼肉中含有一种神奇的化学物质，这种物质能作用于表皮的肌肉，使肌肉更加紧致，表皮自然也就紧致又富有弹性了。营养专家认为，只要每天吃100~200克的鱼肉，一星期内你就可以感受到面部、颈部肌肉的明显改善。

莲藕

抗衰老"藕"当先。藕虽生在淤泥中，但一出淤泥则洁白如玉。藕既可当水果又可作佳肴，生啖熟食两相宜。不论生熟都有很高的营养价值，对皮肤抗衰老有非常好的功效。

鸡蛋

天然防晒佳品。如果你要晒太阳，除了搽上防晒霜之外，不妨再吃点鸡蛋。鸡蛋含有大量的硒元素，它的作用就是在你的脸上构筑一个自然的"防晒保护层"。爱美的你一定知道太阳光是皮肤衰老的重要原因，因为紫外线会破坏细胞结构，使肌肤快速衰老，所以给自己的皮肤构筑一个这样的天然保护层是非常重要的。不要以为只有夏天才需要防晒，或者只有怕晒黑才要防晒，防晒是任何爱美的女性随时随地都要做好的功课。

红糖

排毒除斑抗衰老。红糖实际上属于一种多糖，具有强力的"解毒"功效，能将过量的黑色素从真皮层中导出，通过全身的淋巴组织排出体外，从源头阻止黑色素的生成。另外，红糖中蕴含的胡萝卜素、维生素 B_2、烟酸、氨基酸、葡萄糖等成分对细胞具有强效抗氧化及修护作用，能使皮下细胞排毒后迅速生长，避免出现色素反弹，真正做到"美白从细胞开始"。

药膳养生，是一场长久的战役。只用护肤品来抗衰并不够，还要与药膳养生相结合，才能达到理想的效果。

蜂蜜

理想的天然美容剂。南北朝名医甄权在其《药性论》中有述："蜂蜜常服面如花红。"现代医学研究证明，蜂蜜内服与外用，不仅可以改善营养状况，促进皮肤的新陈代谢，增强皮肤的抗菌能力，减少色素沉着，还能改善肌肤的干燥状况，使肌肤柔软、洁白、细腻，对各种皮肤问题如皱纹和粉刺，也能起到理想的缓解作用。长期服用，能让肌肤柔嫩、红润，富有光泽。

女人补水食物推荐

水分，是人体美容最重要的条件，我们赞美别人的肌肤水嫩常常会说"能挤出水来"，可见体内蕴藏适度水分，对爱美的女人来说是多么重要！

机体的水分，为健康所需，也为美丽所需，它既有润滑的作用，又有减肥的作用。适当充足水分，可以滋润皮肤，防止产生皱纹，减少油脂的积聚，又能消除人体臃肿。俗话说：女人是水做的。这句话说得一点都没错。一个健康的女人，无论是皮肤还是机体各器官都离不开水。女人皮肤健康主要是要有水嫩的、水灵灵的肌肤作为基础。如果肌肤缺水，色斑、皱纹和皮肤的一些炎症等问题就会找上你。

既然水分对美容那么重要，那么究竟该如何补水呢？要知道，化妆品和护肤品并非最佳的选择，而食物和中药不仅能让身体和皮肤更健康，补水也更得宜。中医认为女性补水需先滋阴，而滋阴的食材与药材多种多样，我们又该如何选择呢？

按照中医的说法，补水即解除燥热，解除燥热多用润法。根据中医"五行五色"的说法，多吃"白色食物"可以滋润身体，且白色食物多富含碳水化合物、蛋白质和维生素等营养成分，可为人体提供热能。白色食物一般味甘性平，具有安定情绪的作用，适合于平补。那么哪些白色食物最具有补水效果呢？其实，补水食物就存在于我们的日常生活中。像白萝卜、白菜、冬瓜、百合、银耳、莲子、梨子等食物均是最为大众化的，同时也是最有效的补水食物，想让自己的肌肤如水般晶莹剔透，白色食物是最好的选择。

白萝卜

白萝卜中含有多种维生素和矿物质，且维生素 C 的含量比梨和苹果高出 8 ～ 10 倍，同时白萝卜中还含有丰富的维生素 E，两者都能起到防止因燥热导致皮肤干燥的作用。此外，白萝卜中还含有大量纤维素，能促进肠道蠕动，改善便秘。

葡萄

葡萄的营养价值很高，葡萄汁被科学家誉为"植物奶"。市面上很多以葡萄为原料制作的面膜，受到众多爱美人士的极力追捧，因为葡萄中所含有的糖分与有机酸，是肌肤天然的保湿滋润剂，也是肌肤毒素的"清道夫"，能让肌肤更有弹性、更具光泽，并能延缓衰老。葡萄富含大量的水分，极易被人体吸收，且能促进血液循环，保护皮肤的胶原蛋白与弹性纤维，还能阻挡紫外线对皮肤的伤害。

银耳

银耳性平，味甘、淡、无毒，在《本草纲目》中记载有润肺生津、滋阴养胃、益气安神、强心健脑的作用。用银耳保湿养颜同样可内服外敷，内服可熬银耳羹天天食用。银耳羹的具体熬法是：选银耳 6 克，用温水浸 5 ～ 8 个小时，再加热炖成糊状，加适量的冰糖服用。外敷的方法是：用适量银耳熬成糊状，直接涂在脸上，待干后再洗净。天天敷效果非常好，不仅可让

肌肤摸上去很滑，还能让肌肤看上去十分水润，结合银耳羹一起食用，还可以有效医治青春痘、皮炎等皮肤病。此外，像梨、葡萄、香蕉这一类的水果，也有非常不错的补水功效。

百合

百合鲜品除富含黏液质和 B 族维生素、维生素 C 等营养素外，还含有一些特殊的营养成分，如秋水仙碱等多种生物碱。这些成分不仅具有良好的营养滋补之功效，而且还对秋季因气候干燥而引起的多种季节性疾病有一定的防治功效，常食百合，可美容养颜。

梨

梨"生者清六腑之热，熟者滋五脏之阴"，是缓解秋季干燥最宜选用的保健用品。它不仅能增加水分的摄入，还能为人体补充大量维生素，梨中所含有的维生素成分，有深层清洁及平衡油脂分泌的作用，特别适合油性及中性肌肤者食用。梨除了可以生吃，还可制成汁、膏、酱、果茶等。

女人美白食物推荐

除了要多吃美白蔬菜，以抵抗顽固紫外线、扫除黑色素，药膳美白也是一个很不错的方法。很多药材、食材都有美白的功效，如果能把它们合理地结合在一起，定会让你收获意想不到的效果！

对于女性来说，多吃红枣、枸杞子、玉竹、白芷等做成的药膳，能起到很好的美白效果。

红枣

红枣性温味甘，有补中益气的功效，尤其适合血虚的女性养血安神，且红枣中含有的丰富的维生素 A 与维生素 C，也使它具有很好的美白效用。

西红柿

西红柿不仅可激发食欲，还可缓解脾胃虚弱，且具有很好的美白功效，常吃西红柿或是拿西红柿切片来敷脸，都可以起到很好的美白效果。

火棘

具有美白奇效的"火棘"是一种蔷薇科植物，又称"赤阳子"，主要生长在中国大陆西北部高原地区。经过临床实验证明，火棘具有美白功效，可以抑制"组胺"刺激色素母细胞产生过多黑色素，具有淡化麦拉宁色素和保湿的神奇功效，还能让皮肤变得细腻、柔滑。

龙胆草

龙胆草是极品中药美容药材，具有舒缓、镇静及滋润肌肤的功效，无论是内服还是外用，都是珍贵的美容佳品。龙胆草具有高耐受性，可抵抗各种恶劣环境，经精细提取后的龙胆草萃取液被用于护肤品中，使肌肤抵抗力自然增强，同时兼具美白与保湿的功效。

醋

醋可美白，《本草纲目》中说："醋可消肿痛、散水气、理诸药。"想要肌肤美白，可在中午与晚上进餐前喝两勺醋，也可在化妆台上放一瓶醋，洗完手之后在手上敷一层，保持20分钟，就能起到很好的美白手部的效果。

枸杞子

枸杞子各种体质的人都能吃，它不仅有滋肾、润肺、补肝及明目的作用，还能加速血液循环，让女性由内到外如花般娇媚。

豆腐

豆腐不仅看上去光滑白嫩，它的保湿与嫩白肌肤的功效也是其他食物所不能比的。豆腐内服外用都能美白。豆腐内服，其所含的植物雌性激素能保护细胞不被氧化，给肌肤营造一层保护膜，而外用能直接锁住肌肤表层水分，并能补充蛋白质，让皮肤细腻动人。

桃花

女性的面容常被形容为"面若桃花"，桃花能作为养颜护肤的佳品。桃花的美容功效早为古人所知，《神农本草经》说"桃花令人好颜色"，古代女子常用桃花来调制胭脂涂抹在脸上。相传太平公主也常用一种桃花秘方面膜，其方法是：采每年农历三月三的桃花阴干，研为细末，取七月初七的积雪调和，用来涂面擦身，早晚各用一次，每次半个小时，长期使用能使人面部洁白如雪。现代医学研究证明，桃花中富含铁，能使人面色桃红。桃花中还含有山柰酚，能祛除黄褐斑。桃花中还含有香豆精，具有很好的香身功效。

白芷

白芷是中药美白面膜中常见的成分，同时用它做出的药膳美白功效也很显著。白芷可缓解皮肤湿气，也可排脓、解毒，内服外敷，都能起到很好的美白效果。

白术

白术性温，味甘、苦，不仅有补肺益气的作用，还能燥湿利水、健胃镇静，有助于消除脾虚水肿，让女性的肌肤变得更光亮。

PART 1

美白护肤篇

　　每个女人都想拥有洁白无瑕的肌肤。白皙的皮肤不仅看起来干净利落，还能增添女人气质。除了使用美白褪黑护肤品外，食用具有美白功效的药膳也是一个不错的选择！女人养护皮肤如同养花，要想让女人这朵"花"一直娇艳下去，就必须灌溉根部，真正做到由内而外的呵护。

苹果银耳猪腱汤

材料

苹果·························· 4 个
猪腱·························· 250 克
银耳·························· 15 克
鸡爪、盐各适量

做法

❶ 将苹果洗干净，连皮切成4份，去果核；鸡爪斩去甲趾。

❷ 将银耳浸透，剪去梗蒂，洗干净；猪腱、鸡爪飞水，冲干净。

❸ 将煲中加水，加入材料，以大火煲10分钟，改小火煲2个小时，下盐调味即可。

养生功效

　　银耳能滋阴润肤，可有效缓解脸部黄褐斑、雀斑；猪腱富含胶原蛋白；苹果富含维生素 C 和膳食纤维，能美白养颜、滋阴润肤、排毒通便。

枸杞子马蹄鹌鹑蛋

材料

马蹄·························· 150 克
鹌鹑蛋······················ 100 克
枸杞子······················ 50 克
白糖、食用油各适量

做法

❶ 将马蹄去皮，洗净；鹌鹑蛋入锅中煮熟后，剥去蛋壳。

❷ 锅内下食用油，待锅烧热将剥壳的鹌鹑蛋入油锅炸至金黄后捞出控油。

❸ 锅中放水烧沸，将马蹄、鹌鹑蛋、枸杞子入沸水锅中煮20分钟。

❹ 调入白糖搅拌均匀即可盛盘食用。

养生功效

　　鹌鹑蛋对有贫血、月经不调的女性具有很好的调补、养颜、美肤功效，与枸杞子、马蹄同煮，滋润肌肤效果更为显著。

牛奶胡萝卜汁

材料

胡萝卜⋯⋯⋯⋯⋯⋯⋯ 1 根
冰糖⋯⋯⋯⋯⋯⋯⋯⋯20 克
冰块⋯⋯⋯⋯⋯⋯⋯⋯ 适量
牛奶⋯⋯⋯⋯⋯⋯⋯ 200 毫升

做法

❶ 将胡萝卜洗净，放入榨汁机中榨成汁，倒入杯中。

❷ 再将牛奶加入榨好的胡萝卜汁中。

❸ 最后放入冰块、冰糖一起搅打均匀即可。

养生功效

　　牛奶富含维生素 A，可防止皮肤干燥及黯沉，使皮肤白皙有光泽。另外，牛奶中的乳清蛋白对黑色素有消除作用，可防治色素沉着引起的斑痕。胡萝卜营养价值较高，含胡萝卜素、多种维生素及微量元素等，可改善皮肤粗糙。

鸡骨草煲生鱼

材料

生鱼⋯⋯⋯⋯⋯⋯⋯⋯ 1 条
鸡骨草⋯⋯⋯⋯⋯⋯⋯ 200 克
生姜片、葱段、鸡精、胡椒粉、
盐、食用油、香油各适量

做法

❶ 将生鱼宰杀后去除内脏，切块；鸡骨草用温水泡发，洗净备用。

❷ 锅上火，食用油烧热，爆香生姜片，下生鱼块，煎至两面呈金黄色，盛出。

❸ 砂锅上火，注入清水，放入生姜片、鸡骨草，煮沸，煲约40分钟，再放入生鱼块，煮至生鱼块熟，放入盐、鸡精、胡椒粉，撒入葱段，淋上香油即可。

养生功效

　　鸡骨草可清热利湿、散淤止痛；生鱼可补脾利水、补肝益肾。常食此品能润肤去皱。

杨桃紫苏梅甜汤

材料

杨桃……………………… 1 个
麦冬……………………… 15 克
天门冬…………………… 10 克
冰糖……………………… 10 克
紫苏梅汁………………… 15 毫升

做法

❶ 将麦冬、天门冬放入棉布袋；杨桃清洗干净，切除头尾，再切成片状。

❷ 药材与杨桃放入锅中，加入清水以小火煮沸，加入冰糖搅拌溶化。

❸ 取出药材，加入紫苏梅汁拌匀，待降温后即可食用。

养生功效

　　杨桃可助消化，有滋养、保健功效；天门冬、麦冬可滋阴清肺。此汤可健脾开胃、助消化，对人体有很好的滋养作用。

杨桃：清热生津、利水解毒

蜜橘银耳汤

材料

蜜橘···················· 200 克
白糖···················· 150 克
银耳····················· 20 克
淀粉····················· 适量

做法

❶ 将银耳水发入碗内，上笼蒸1个小时取出。

❷ 将蜜橘剥皮去络，取蜜橘肉；将汤锅置大火上，加入适量清水，将蒸好的银耳放入汤锅内，再放入蜜橘肉、白糖煮沸。

❸ 沸后用淀粉勾芡，待汤见开时，盛入汤碗内即成。

养生功效

　　蜜橘含有丰富的维生素 C，有润肤美白的功效，加上银耳的滋阴祛斑、美容养颜、补虚损功效，可谓美容界的一道佳肴。

百合猪蹄汤

材料

猪蹄····················· 1 只
百合···················· 100 克
盐、葱段、姜片各适量

做法

❶ 将猪蹄去毛后洗净，斩成件；百合洗净，备用。

❷ 将猪蹄块下入沸水中汆去血水。

❸ 将猪蹄、百合加入适量水，放入葱段、姜片大火煮1个小时后，加入盐调味即可。

养生功效

　　百合鲜品富含黏液质及维生素，能促进皮肤细胞新陈代谢；猪蹄含有丰富的胶原蛋白，能防治皮肤干瘪起皱，增强皮肤弹性。常食此汤能起到非常好的润肤抗皱作用。

牛奶炒蛋清

材料

鸡蛋清·················· 200 克

熟火腿末·················· 5 克

牛奶·················· 150 毫升

食用油、盐、淀粉各适量

做法

❶ 将牛奶盛入碗内，加入鸡蛋清、盐、淀粉打匀。

❷ 炒锅注入食用油烧热，将牛奶、蛋清混合液投入锅内翻炒至刚断生，撒上熟火腿末，装盘即成。

养生功效

　　牛奶富含优质蛋白和多种微量元素，具有养心肺、润皮肤的功效，蛋清富含水分和优质蛋白，可紧致肌肤、改善皮肤粗糙等症状，还能延缓衰老，对粗糙、暗沉的皮肤有很好的改善作用。常食此品可起到抗皱美容的功效。

橙子藕片

材料

莲藕·················· 300 克

橙子·················· 1 个

橙汁·················· 20 毫升

做法

❶ 将莲藕去皮后，切成薄片；橙子洗净，切成片。

❷ 锅中加水烧沸，下入藕片煮熟后，捞出。

❸ 将莲藕与橙片在锅中拌均匀，再加入橙汁即可。

养生功效

　　橙子中所含的营养物质可美白肌肤、祛斑抗皱、排毒通便、防衰抗老；莲藕富含植物蛋白、维生素、淀粉以及铁、钙等营养素，具有补益气血、增强人体免疫力、抗衰老的功效。常食此品能使肌肤红润光泽。

木瓜炖银耳

材料
木瓜·····················　1个
银耳·····················　100克
猪瘦肉·················　100克
鸡爪、盐、味精、白糖各适量

做法
❶ 将木瓜洗净，去皮、去瓤、切块；银耳泡发；猪瘦肉切块；鸡爪洗净。
❷ 炖盅中放水，将木瓜、银耳、猪瘦肉、鸡爪一起放入炖盅，炖制1~2个小时。
❸ 炖盅中调入盐、味精、白糖拌匀即可。

养生功效
　　银耳富含天然植物性胶质，常食可以滋润皮肤，并能淡化脸部黄褐斑、雀斑，是一种上乘的美容佳品；木瓜既能润肤，又能丰胸；鸡爪富含胶原蛋白，能抗皱润肤。所以本品是女性不能错过的一道佳肴。

夏枯草黄豆脊骨汤

材料
猪脊骨·················　700克
夏枯草·················　20克
黄豆·····················　50克
蜜枣、姜、盐各适量

做法
❶ 将夏枯草洗净，浸泡30分钟；黄豆洗净，浸泡1个小时；猪脊骨斩件，洗净，飞水；蜜枣洗净；姜切片。
❷ 将适量清水放入瓦煲内，煮沸后加入以上所有原材料，大火煲滚后，改用小火煲2个小时，加盐调味即可。

养生功效
　　夏枯草能清热泻火、解疮毒、散结消肿；黄豆能消炎止痛、解毒排脓、排毒通便；蜜枣可滋阴润肤。三者合用，对痤疮、疔疖、便秘、目赤肿痛等肝火旺盛者有较好的食疗作用。

绿豆百合猪蹄汤

材料

绿豆·····················30 克
杏仁·····················30 克
百合·····················30 克
猪蹄、盐各适量

做法

❶ 将绿豆、杏仁、百合洗净；猪蹄斩成块，汆烫后捞起。

❷ 将除盐外的所有材料放入煲中，注入水，以小火煲至绿豆和猪蹄软烂。

❸ 加盐调味即可。

养生功效

　　绿豆可清热解毒、利尿通淋，对暑热烦渴、水肿尿少、痤疮、痱子等都有很好的疗效；百合富含水分，可以滋阴润肤；杏仁富含 B 族维生素，可抑制皮脂腺分泌，改善皮肤油脂分泌过多的症状。三者合用，对改善痤疮有疗效。

玫瑰枸杞子羹

材料

玫瑰花·····················20 克
醪糟························ 1 瓶
枸杞子、杏脯、葡萄干各 10 克
玫瑰露酒、白糖、淀粉各适量

做法

❶ 将玫瑰花洗净切丝备用。

❷ 锅中加水烧开，放入玫瑰露酒、白糖、醪糟、枸杞子、杏脯、葡萄干煮开。

❸ 用淀粉勾芡，撒上玫瑰花丝即成。

养生功效

　　玫瑰花能理气活血、疏肝解郁、润肤养颜，尤其是对女性痛经、月经不调、面生色斑有较好的功效；醪糟有活血化淤、益气补血的功效；葡萄富含维生素 E 和维生素 C，能美白养颜、淡化色斑。三者配伍，效果尤佳。

兔肉百合枸杞子汤

材料

百合·····················130 克

枸杞子·····················50 克

兔肉·····················60 克

葱花·····················适量

盐·····················适量

百合： 养心安神、润肺止咳

做法

❶ 将兔肉洗净，斩成小块；百合洗净，剪去黑边；枸杞子泡发。

❷ 锅中加水烧沸，下入兔肉块，氽去血水，去浮沫后捞出。

❸ 在锅中倒入一大碗清水，再加入兔肉、盐，用中火烧开后倒入百合、枸杞子，再煮5分钟，放入葱花，立即起锅即成。

养生功效

百合味甘性平，具有温肺止咳、养阴清热、清心安神、利大小便等功效。其鲜品富含黏液质及维生素，对皮肤细胞新陈代谢有益，常食百合，有助于女性滋养肌肤、养颜美白。

淮山麦芽鸡胗汤

材料

鸡胗··················· 200 克
盐······················ 4 克
鸡精···················· 3 克
淮山、麦芽、蜜枣各 20 克

做法

1. 将鸡胗洗净、切块、余水，淮山洗净、去皮、切块，麦芽洗净、浸泡。
2. 锅中放入鸡胗、淮山、麦芽、蜜枣，加入清水，加盖以小火慢炖。
3. 1个小时后揭盖，调入盐和鸡精稍煮即可。

养生功效

麦芽可养心神、敛虚汗、养心益肾、除热止渴，对更年期综合征所见的潮热盗汗、五心烦热、失眠健忘有很好的疗效。淮山补益肾气、助消化、补虚劳、益气力、长肌肉，还能抗衰老、降压降糖，对更年期女性大有益处。

元气小火锅

材料

西红柿·················100 克
玉米···················100 克
鸡骨高汤········ 1000 毫升
杏鲍菇、猪肉薄片、鹌鹑蛋、
鱼板、茼蒿、生地、粉光参、
饺子、天门冬、盐各适量

做法

1. 将生地、粉光参洗净，放入棉布袋置入锅中，倒入鸡骨高汤煮沸即成药膳高汤。
2. 将西红柿、玉米、杏鲍菇、猪肉薄片、鱼板、茼蒿均洗净，西红柿去蒂头切片；玉米切小段；鱼板切片；鹌鹑蛋煮熟去壳。
3. 将所有材料放入小火锅内，倒入药膳高汤煮沸，加入盐调味后即可。

养生功效

此品能改善虚火所引起的口疮、痤疮。

苦瓜炖豆腐

材料
苦瓜····················· 250 克
豆腐····················· 200 克
食用油、盐、酱油、葱花、汤、
香油各适量

做法
❶ 将苦瓜洗净、去籽、切片，豆腐切块。
❷ 烧开食用油，将苦瓜片倒入锅内煸炒，加盐、酱油、葱花等佐料，添汤。
❸ 放入豆腐一起炖熟，淋入香油调味即可。

养生功效
　　苦瓜具有清热泻火、明目解毒、利尿凉血之功效，对痤疮、痱子均有消除作用；豆腐有清热生津的功效，对改善上火、便秘引起的痤疮有很好的效果，还能改善皮肤干燥的症状。苦瓜与豆腐同食，对咽喉肿痛、痤疮、疔疖均有疗效。

玫瑰醋

材料
玫瑰花····················40 朵
桃子····················· 400 克
醋····················· 300 毫升
冰糖····················· 适量

做法
❶ 将桃子洗净，去核。
❷ 把桃子、冰糖、玫瑰花放入罐中，倒入醋，没过食材后封罐。
❸ 发酵45~120天即可。

养生功效
　　玫瑰醋可促进新陈代谢，帮助消化、调节生理功能、养颜美容、减少疲劳感，能使人肌肤红润、充满活力，有非常好的美容祛斑功效。桃子有滋阴润肤、活血化瘀的功效，富含多种有机酸和膳食纤维，能通便排毒，也有很好的美容祛斑效果。

西红柿莲子咸肉汤

材料

西红柿······················ 200 克

猪肉························· 50 克

胡萝卜······················30 克

莲子、食用油、盐、葱各适量

做法

❶ 将猪肉洗净,抹干水,肉块用盐搓匀,腌过夜,第二天切小块。

❷ 将西红柿洗净,切块;胡萝卜去皮,洗净,切块;葱洗净,切葱花;莲子洗净。

❸ 将猪肉、胡萝卜、莲子入水锅内,大火煮滚,改小火煲20分钟,加入西红柿再煲5分钟,放入葱花,加食用油、盐调味即可。

养生功效

　　西红柿中的番茄红素能防御紫外线,抑制黑色素的形成;胡萝卜富含胡萝卜素、B 族维生素、维生素 C,可润泽肌肤、抗氧化、抗衰老。

青豆党参排骨汤

材料

排骨······················ 100 克

青豆························· 50 克

党参························· 25 克

盐·························· 3 克

做法

❶ 将青豆洗净,党参润透切段。

❷ 将排骨洗净斩块,氽烫后捞起备用。

❸ 将上述材料放入煲内,加水以小火煮约45分钟,再加盐调味即可。

养生功效

　　青豆具有健脾宽中、润燥消水的作用;党参可补中益气、健脾益肺;猪骨有补脾、润肠胃、生津液、丰肌体、泽皮肤的作用。三者合用能改善皮肤粗糙、暗黄;还可增强体质,改善神疲乏力、精神萎靡等症状。

桑寄生竹茹蛋汤

材料

桑寄生……………………50 克
竹茹…………………… 10 克
红枣、鸡蛋、冰糖各适量

做法

❶ 将桑寄生、竹茹洗净；红枣洗净，去核。
❷ 将鸡蛋用水煮熟，去壳备用。
❸ 将桑寄生、竹茹、红枣加水以小火煲约90
   分钟，加入鸡蛋，再加入冰糖煮沸即可。

养生功效

　　桑寄生可补肝肾、养气血，对肝肾不足引
起的面色黯沉、皮肤干燥、腰膝酸痛等均有效
果；竹茹可滋阴清热、美容润肤，对色素沉积、
皮肤暗沉以及痘印均有一定的疗效；红枣可补
气养血，可改善皮肤暗沉、面色萎黄。

粉葛煲花豆

材料

粉葛………………… 200 克
花豆…………………20 克
生姜………………… 5 克
白糖………………… 15 克

做法

❶ 将粉葛去皮，切成小段；生姜去皮，切成
   片；花豆泡发，洗净。
❷ 煲中加适量水烧开，下入花豆、粉葛、姜
   片一起以大火煲40分钟。
❸ 快煲好时，下入白糖再煲10分钟，至粉
   葛、花豆全熟即可。

养生功效

　　粉葛能嫩化皮肤、美白养颜，还能使乳房
丰满坚挺；花豆富含膳食纤维和多种维生素，
可排毒养颜。

银耳樱桃羹

材料

银耳······50 克
樱桃······30 克
白芷······15 克
桂花、冰糖各适量

做法

❶ 将银耳洗净，泡软后撕成小朵；樱桃洗净，去蒂；白芷、桂花均洗净备用。

❷ 先将冰糖溶化，加入银耳煮20分钟左右，再加入樱桃、白芷、桂花煮沸后即可。

养生功效

　　银耳含有丰富的胶原蛋白，能增强皮肤的弹性；银耳还可清除自由基、促进细胞新陈代谢，改善人体微循环，从而起到抗衰老的作用。樱桃可调中补气、祛风湿。银耳、樱桃和白芷同煮有养血、白嫩皮肤、美容养颜之功效。

淮山排骨煲

材料

排骨······250 克
胡萝卜······1 根
淮山······100 克
食用油、生姜片、葱花、盐各适量

做法

❶ 将排骨洗净，斩成段；胡萝卜、淮山均去皮洗净，切成小块。

❷ 锅中加入食用油烧热，下入生姜片爆香后，加入排骨后炒干水分。

❸ 再将排骨、胡萝卜、淮山一起入煲内，大火煲40分钟后，调入盐，撒上葱花即可。

养生功效

　　淮山能增强人体免疫力，益心安神、滋养皮肤、健美养颜；胡萝卜富含的胡萝卜素可清除致人衰老的自由基，所含的 B 族维生素和维生素 C 等也有润肌肤、抗衰老的作用。

双耳当归麦冬茶

材料

黑木耳·····················10 克
银耳·······················10 克
当归·······················3 克
麦冬·······················3 克
绿茶·······················5 克

做法

❶ 将黑木耳、银耳洗净泡开后去蒂，撕片。
❷ 将当归切成片状，与麦冬、银耳、黑木耳一起放入锅中，炖煮20分钟即可关火。
❸ 加入绿茶闷五分钟，滤汁即可。

养生功效

　　当归有调经止痛、润肠通便的功效；麦冬滋阴益气，可改善体质虚弱、面色差等情况；绿茶可泻火排毒；银耳、黑木耳均富含天然植物性胶质。此道菜可以滋润皮肤，并能淡化脸部黄褐斑、雀斑，是一道上乘的美容佳品。

红枣山楂茶

材料

红枣·······················10 颗
玫瑰花·····················3 朵
山楂·······················10 克
荷叶粉、柠檬各适量

做法

❶ 将红枣、玫瑰花、山楂、荷叶粉加水煮，放在炉火上煮15分钟。
❷ 把切片后的柠檬放进去，1分钟后熄火，去渣留汤即可。

养生功效

　　山楂可开胃消食；红枣可补气益血；玫瑰花能理气和血、润肤养颜，尤其是对月经不调、面色黯沉有较好的改善效果。常饮本品能使面色红润；荷叶可清热解毒、减肥排毒；柠檬富含维生素 C，能美白养颜。此茶不仅口感好，而且还能健胃消食，有一定的美容功效。

灵芝玉竹麦冬茶

材料

麦冬······ 6克
玉竹······ 3克
灵芝······ 5克
蜂蜜······ 适量

灵芝： 补气安神、止咳平喘

做法

❶ 将灵芝、麦冬、玉竹分别洗净，一起放入锅中，加水适量，大火煮开，转小火续煮10分钟即可关火。

❷ 将煮好的灵芝玉竹麦冬茶滤去渣，倒入杯中，稍凉后加入蜂蜜，搅拌均匀即可。

养生功效

　　常喝此茶不仅能美白，还能增强体质。

莲心苦丁茶

材料

枸杞子·················· 10 克
苦丁茶·················· 3 克
莲心···················· 1 克
菊花···················· 3 克

菊花： 疏风清热、明目解毒

做法

❶ 将苦丁茶、莲心、菊花、枸杞子均去杂质，洗净备用。

❷ 将以上材料放入茶杯中，以沸水冲泡，加盖闷10分钟后即成。

❸ 代茶频饮，可复泡3~5次。

养生功效

　　苦丁茶、菊花能清热解毒、活血脉、降血压、降血脂，枸杞子能滋补肝肾、降压消脂、抗衰老。常饮此茶能清心火、安心神，对更年期的心情烦躁、面色萎黄、性欲低下等有明显的改善作用。

板栗枸杞子粥

材料

板栗…………………… 200 克

枸杞子………………… 100 克

大米…………………… 100 克

盐……………………… 6 克

做法

❶ 将大米用清水洗净。

❷ 煲中加水，下入板栗、大米，煲至成粥。

❸ 最后撒上枸杞子，加入盐，小火煲至入味即可。

养生功效

　　板栗能补肾益气，加上枸杞子可滋阴补肾、美颜抗衰老，对更年期女性有很好的滋补作用，可缓解肝肾亏虚引起的腰膝酸软、体虚倦怠等症状。

板栗： 养胃健脾、补肾益气

茯苓鸽子煲

材料

鸽子·····················300 克
茯苓·····················10 克
盐·······················4 克
生姜片、枸杞子、葱花各少许

做法

❶ 将鸽子宰杀并处理干净，斩成块，汆水；茯苓洗净备用。

❷ 净锅上火，倒入水，放入生姜片，下入鸽子、茯苓煲至熟，加入盐调味，撒上枸杞子、葱花即可。

天麻苦瓜酿肉

材料

天麻、川芎、茯苓、苦瓜、猪绞肉、甜椒末、盐、米酒、香油各适量

做法

❶ 将苦瓜切成圆圈状，去瓤、去籽，铺盘中；猪绞肉加入盐、米酒、香油搅拌出黏性，用汤匙填入苦瓜内。

❷ 将水倒入锅中，加入川芎、茯苓、天麻，煮沸，过滤取药汁，淋于苦瓜上，撒上甜椒末，放入蒸笼中，大火蒸20分钟即可。

参麦泥鳅汤

材料

太子参·····················20 克
浮小麦、泥鳅、猪瘦肉各 150 克
蜜枣、食用油、盐各适量

做法

❶ 将太子参、浮小麦洗净，用棉布袋装好，扎紧袋口；猪瘦肉洗净，切块；蜜枣洗净，泥鳅用开水略烫，洗净，入油锅煎至两面金黄色。

❷ 瓦煲入水煮沸，加入全部食材煮沸后用小火煲2个小时，除去棉袋，加盐调味即可。

生姜片海参炖鸡

材料

海参	3只
鸡腿	1只
生姜	1块
盐	3克

生姜：去湿祛寒、祛痰止咳

做法

1. 将鸡腿切块并汆烫，捞起；生姜切片。
2. 将海参自腹部切开，洗净腔肠，切大块，汆烫，捞起。
3. 煮锅加6碗水煮开，加入鸡腿、生姜片大火煮沸，转小火炖约20分钟，加入海参续炖5分钟，加盐调味即成。

养生功效

本品具有补肾益精、养血润燥、益气补虚的功效，可改善女性面色苍白、容颜失华的症状，并可有效改善更年期女性精血亏虚、性欲低下、月经不调、心烦易怒、失眠健忘等症状，而且海参是高蛋白、低脂肪、低胆固醇食物，常食还能效防治心脑血管疾病。

莲子芡实猪尾汤

材料

莲子······················50 克
芡实······················50 克
猪尾······················ 350 克
盐·························· 适量

做法

❶ 猪尾洗净，切成段；芡实洗净；莲子去皮、去莲子心，洗净；热锅注水煮开，放入猪尾去血水，捞起，洗净。

❷ 猪尾、芡实、莲子放入炖盅，注适量水，大火煮开后改小火煮2个小时，加盐调味。

牛奶炖花生

材料

花生······················ 100 克
枸杞子····················20 克
银耳······················30 克
牛奶、冰糖各适量

做法

❶ 银耳洗净去蒂泡发；枸杞子、花生洗净。

❷ 锅上火，放入牛奶，加入银耳、枸杞子、花生，煮至花生烂熟。

❸ 调入冰糖即可。

百合枸杞子糖水

材料

赤小豆····················25 克
百合······················ 10 克
枸杞子····················10 克
冰糖······················25 克

做法

❶ 将赤小豆、枸杞子均洗净泡发，百合洗净。

❷ 锅中加水烧开，下入红豆。

❸ 赤小豆煲烂后，再下入百合、枸杞子、冰糖煲10分钟即可。

枸杞叶猪肝汤

材料

猪肝······· 200 克
枸杞叶······· 10 克
桑叶······· 10 克
生姜······· 5 克
盐、料酒各适量

猪肝：补肝明目、养血益气

做法

❶ 猪肝洗净，切成薄片，放入碗中，加料酒和盐浸泡半个小时；枸杞叶、桑叶洗净；生姜去皮，洗净，切片。

❷ 净锅置火上，倒入适量清水，将桑叶放入熬成药液。

❸ 再下入猪肝片、枸杞叶、姜片，煮5分钟后，调入盐即可。

养生功效

猪肝味甘、苦，性温，归肝经，具有补肝、明目、养血的功效。猪肝中铁含量丰富，是最常用的补血食物，可调节和改善贫血患者造血系统的生理功能。

枸杞子红枣炖猪心

材料
猪心······················ 1个
猪肉······················ 100克
枸杞子····················· 10克
红枣、生姜、盐、味精、香油、
料酒、高汤各适量

做法
❶ 将枸杞子泡发洗净；猪心洗净，切块；猪肉切块；生姜去皮，切片。
❷ 炒锅置火上，爆香生姜片，放入高汤，待汤沸，下猪心、猪肉氽烫一下，捞出。
❸ 转入砂锅中，放入料酒、红枣、枸杞子，炖约60分钟至熟烂，调入盐、味精，淋上香油，拌匀即可。

养生功效
　　本品可养心安神、滋阴补肝肾、益气养血，适合更年期女性食用，可改善面色苍白。

青菜牛奶羹

材料
大米·····················80克
白糖····················· 3克
青菜、枸杞子、牛奶各适量

做法
❶ 将大米泡发洗净；青菜洗净，切丝；枸杞子洗净。
❷ 锅置火上，倒入牛奶，放入大米煮至米粒开花。
❸ 加入青菜、枸杞子同煮至浓稠状，调入白糖拌匀即可。

养生功效
　　牛奶是古老的天然饮料，被誉为"白色血液"，与大米、青菜合煮成羹，具有美白护肤、滋补五脏的功效。

黄精牛筋煲莲子

材料
黄精……………………… 10 克
莲子……………………… 15 克
牛筋……………………… 500 克
生姜、盐、味精各适量

做法
❶ 将莲子泡发去心，黄精、生姜洗净。
❷ 将牛筋切块，入沸水汆烫。
❸ 煲中加入清水烧沸，放入牛筋、莲子、黄精、生姜片煲2个小时，加盐、味精调味。

养生功效
　　黄精可补气养阴；牛筋含有丰富的胶原蛋白，能增强细胞生理代谢，使皮肤更富有弹性，延缓皮肤的衰老。黄精、牛筋、莲子合用不但能够滋阴润肺、健脾益胃，更具有滋润肌肤、增加皮肤弹性、延缓衰老的美容功效。

莲子百合参玉汤

材料
莲子……………………… 10 克
百合……………………… 15 克
北沙参…………………… 15 克
玉竹……………………… 10 克
桂圆肉、虾仁、冰糖、葱花各适量

做法
❶ 将药材洗净，莲子洗净去心备用。
❷ 将除冰糖、葱花以外的材料放入煲中，加适量水，以小火煲约40分钟，加冰糖调味，撒上葱花即可。

养生功效
　　莲子可养心明目、补中养神；百合鲜品含黏液质及维生素，对皮肤细胞新陈代谢有益；北沙参、玉竹可滋阴润肤，桂圆可补血养颜；枸杞子可滋阴润肤，清除自由基、抗氧化。此汤具有很好的滋补功效，常食可美容润肤。

PART 2

排毒美体篇

美体与美白一样，是女人永恒的追求之一。本草瘦身减肥，古已有之，它既无手术的风险，又没有药物副作用之忧，且取材方便，取法自然，最重要的是，这种方法治标又治本，能够让你从内因上解决屡次瘦身都不成功的困扰，让你长久地将美体成果保持下去。

枸杞子冬瓜淡菜汤

材料

冬瓜⋯⋯⋯⋯⋯⋯⋯⋯ 400 克

枸杞子⋯⋯⋯⋯⋯⋯⋯⋯ 10 克

淡菜、高汤、生姜、盐、味精、

食用油、胡椒粉各适量

做法

❶ 将枸杞子洗净，淡菜洗净泡发。

❷ 将冬瓜去皮、去瓤，切成小块。

❸ 锅中下少许食用油，爆香淡菜、生姜，注入高汤，放入冬瓜、枸杞子煮40分钟，再加盐、味精、胡椒粉调味即可。

养生功效

冬瓜有清热解毒、利水消肿、除烦止渴、祛湿解暑的功效，常吃可减肥，也可瘦脸。但冬瓜性微寒，脾胃虚弱者不宜多吃。

茯苓清菊茶

材料

菊花⋯⋯⋯⋯⋯⋯⋯⋯ 5 克

茯苓⋯⋯⋯⋯⋯⋯⋯⋯ 7 克

绿茶⋯⋯⋯⋯⋯⋯⋯⋯ 2 克

做法

❶ 将茯苓磨粉备用，菊花、绿茶洗净。

❷ 将茯苓粉、菊花、绿茶放入杯中，用300毫升左右的开水冲泡即可。

养生功效

茯苓味甘、淡，性平，入药具有利水去湿、益脾和胃、宁心安神之功效，对脾胃气虚引起的虚胖、面部浮肿有一定疗效；菊花可散风清热、清肝明目、解毒消炎；绿茶可瘦身排毒。三者合用对消除面部浮肿现象有明显的效果。

柿叶薏米紫草茶

材料
柿叶······················· 10 克
薏米······················· 15 克
紫草······················· 10 克
白糖适量

做法
❶ 将柿叶、薏米、紫草洗净，放入陶瓷器皿中，先放入薏米，加水煎煮20分钟，再下入柿叶、紫草续煮5分钟即可关火。
❷ 滤去渣，加入少许白糖即可。

养生功效
　　柿叶含有芦丁、胆碱、蛋白质、矿物质和丰富的维生素 C，具有利尿通便、消肿、减肥和安神美容的功效；薏米可健脾利水、减肥消肿，还能排脓祛痘，对瘦脸美容有较好的效果；紫草可清热解毒、瘦脸减肥。

山楂苹果粥

材料
山楂干······················· 20 克
苹果························· 50 克
大米、冰糖、葱花各适量

做法
❶ 将大米淘洗干净，用清水浸泡；苹果洗净切小块；山楂干用温水稍泡后洗净。
❷ 锅置火上，放入大米，加适量清水煮至八成熟。
❸ 再放入苹果、山楂干煮至米烂，放入冰糖熬融后调匀，撒上葱花即可。

养生功效
　　山楂所含的脂肪酶可促进脂肪分解，达到瘦脸减肥的效果；苹果富含维生素 C 和膳食纤维，能加速体内脂肪的代谢，排出体内毒素，达到美容减肥的效果。

玉米笋魔芋面

材料

魔芋·················· 200 克
茭白·················· 100 克
玉米笋················ 100 克
西蓝花、大黄、甘草、酱油、
盐、白芝麻各适量

做法

❶ 将大黄、甘草与清水置入锅中，以小火煮
　 沸，约3分钟后关火，滤取药汁备用。

❷ 将茭白洗净切片；玉米笋洗净，切对半；
　 西蓝花洗净；全部放入滚水氽熟，捞起。

❸ 魔芋氽烫去味，捞入面碗内，加入茭白、
　 玉米笋、西蓝花及盐、酱油、白芝麻。

❹ 药汁入锅中加热煮沸，盛入面碗中即可。

养生功效

　 魔芋可活血化淤、解毒消肿、宽肠通便，
具有散毒、养颜、减肥、开胃等多种功效。

花生赤小豆猪蹄煲

材料

猪蹄·················· 450 克
花生·················· 20 克
赤小豆················ 18 克
红枣·················· 4 颗
盐···················· 6 克

做法

❶ 将猪蹄洗净、切块，花生、赤小豆、红枣
　 洗净浸泡备用。

❷ 净锅置火上，倒入水，下入猪蹄烧开，打
　 去浮沫，再下入花生、赤小豆、红枣煲至
　 成熟，调入盐即可。

养生功效

　 花生含有维生素 E 和一定量的锌，能增
强记忆力、抗老化、滋润皮肤，此外，花生还
能理气通乳，能起到一定的丰胸作用。

黄豆猪蹄汤

材料

猪蹄······················ 300 克
黄豆······················ 300 克
葛根粉······················30 克
葱、盐、料酒各适量

做法

❶ 将黄豆洗净，泡入水中涨至两三倍大；猪蹄洗净，斩块；葱切丝。

❷ 锅中注水适量，放入猪蹄汆烫，捞出沥水；黄豆放入锅中加水适量，大火煮开，再改小火慢煮约4个小时，至豆熟。

❸ 加入猪蹄，再续煮约1个小时，加入葛根粉，调入盐和料酒，撒上葱丝即可。

养生功效

　　黄豆含丰富的铁，可防止缺铁性贫血，加上猪蹄和葛根粉，有很好的美容丰胸效果。

牛奶炖木瓜

材料

牛奶················· 200 毫升
木瓜··················· 200 克
冰糖····················· 少许

做法

❶ 将木瓜去皮、去籽、切块、洗净。

❷ 锅置火上，放入牛奶、木瓜，大火煮开，转小火煲20分钟，再下入冰糖，煮至冰糖溶化即可。

养生功效

　　牛奶炖木瓜是以牛奶和木瓜为主要食材的美容菜谱，口味香甜，具有抗衰美容、丰胸养颜、平肝和胃、舒筋活络的功效，是女性美容丰胸的圣品。

银耳木瓜鲫鱼汤

材料

银耳··················20 克
木瓜··················400 克
鲫鱼··················500 克
蜜枣、生姜片、食用油、盐各适量

做法

❶ 将鲫鱼洗净，烧锅下食用油、生姜片，将鲫鱼两面煎至金黄色。

❷ 将银耳浸泡，去除根蒂硬结部分，撕成小朵，洗净；木瓜去皮、去籽、切块；蜜枣洗净。

❸ 将适量清水放入瓦煲内，煮沸后加入所有食材，大火煲20分钟，加盐调味即可。

养生功效

此品对气血亏虚导致乳房发育不良者有明显的改善作用。

虾肉粥

材料

大米··················350 克
糯米··················100 克
虾肉··················100 克
红椒、莴笋、虾油、姜汁、
葱汁、盐各适量

做法

❶ 将虾肉、莴笋分别洗净切丁；红椒切米粒状；大米、糯米洗净。

❷ 锅内注水烧开，下入大米、糯米烧沸，撇去浮沫，下莴笋、姜汁、葱汁煮至米熟。

❸ 入虾肉、虾油、红椒，熬成粥后加盐调味即成。

养生功效

虾具有较强的通乳作用，加上大米益气补虚，对营养不良、乳房发育不良的女性有很好的补益效果。

阿胶鹌鹑蛋汤

材料

阿胶	9 克
鹌鹑蛋	3 枚
盐	4 克
枸杞子	适量
生姜片	适量

做法

❶ 将鹌鹑蛋煮熟，去皮；枸杞子洗净备用。

❷ 将阿胶加水，煮溶化。

❸ 倒入鹌鹑蛋、枸杞子、生姜片，稍煮片刻，加盐调味即可。

养生功效

　　阿胶补血滋阴，是一种上等的补虚佳品，加上鹌鹑蛋营养丰富、滋阴益气，可用于血虚所致的乳房发育不良，还能改善面色苍白、神疲乏力、月经不调等症状。

酱猪蹄

材料

猪蹄	500 克

香菜、葱、盐、酱油、食用油、白糖、八角、桂皮、茴香各适量

做法

❶ 将盐、酱油、白糖、八角、桂皮加适量水制成卤水，下入洗净的猪蹄，卤至表皮红亮后捞出。

❷ 将卤好的猪蹄斩成大块，香菜洗净后切末，葱洗净切成葱花。

❸ 锅上火，下食用油烧热，下入卤好的猪蹄块稍炒收汁后，下入香菜末和葱花炒匀。

养生功效

　　猪蹄有壮腰补膝和通乳丰胸之功效，是女性的食疗佳品。

茯苓豆腐

材料

豆腐······················· 500 克

茯苓·······················30 克

香菇、枸杞子、淀粉、料酒、
盐、食用油各适量

做法

❶ 豆腐压出水,切块,撒盐;香菇切成片。

❷ 豆腐块、香菇、茯苓入高温油中炸至金黄。

❸ 将枸杞子、盐、料酒倒入锅内烧开,加淀粉勾成白汁芡,下入炸好的豆腐、茯苓、香菇片炒匀即成。

双黄茶

材料

黄芪······················· 10 克

黄连······················· 10 克

白糖······················· 适量

做法

❶ 将黄芪、黄连盛入锅中,加水600毫升。

❷ 以大火煮开,再转小火续煮20分钟,加入少许白糖,取汤汁饮用。

赤小豆花生乳鸽汤

材料

赤小豆·····················50 克

花生·······················50 克

桂圆肉、乳鸽、盐各适量

做法

❶ 将赤小豆、花生、桂圆肉均洗净,浸泡。

❷ 将乳鸽宰杀后去毛、去内脏,洗净,斩大件,入沸水中汆烫,去除血水。

❸ 将适量清水放入瓦煲内,煮沸后加入除盐以外的全部材料,大火煲沸后改用小火煲2个小时,加盐调味即可。

木瓜煲猪蹄

材料

猪蹄······················· 350 克
木瓜······················· 1 个
生姜······················· 10 克
盐、味精各适量

做法

❶ 将木瓜剖开，去籽、去皮，切成小块；生姜洗净，切成片。

❷ 将猪蹄去残毛，洗净，斩成小块，再放入沸水中汆去血水。

❸ 将猪蹄、木瓜、生姜片装入煲内，加适量清水煲至熟烂，加入盐、味精调味即可。

养生功效

　　猪蹄含有丰富的蛋白质，这些蛋白质多为胶原蛋白，加上木瓜，具有和血、润肤、丰胸、美容的功效。

木瓜汤

材料

木瓜····················· 400 克
黄豆芽···················· 200 克
银耳·····················20 克
胡萝卜、香菇、红枣、盐、
食用油各适量

做法

❶ 将黄豆芽洗净；木瓜不去皮，切块、去籽，切条；胡萝卜去皮切条；香菇去蒂洗净；红枣洗净；银耳泡发去蒂。

❷ 锅入食用油烧热，将黄豆芽炒香。

❸ 将炒过的黄豆芽及木瓜、银耳、胡萝卜、香菇、红枣放入煲中，加水以中火煮滚后，转小火煮30分钟，加盐调味即可。

养生功效

　　本品营养丰富，可健脾除湿、滋阴益气、丰胸美容，爱美女性可经常食用。

木瓜花生鸡爪汤

材料

鸡爪····················· 250 克
木瓜····················· 150 克
花生·······················50 克
盐、鸡精各适量

做法

❶ 将鸡爪洗净、汆水；木瓜洗净，去皮、去籽，切块；花生洗净、浸泡。

❷ 将鸡爪、木瓜、花生放入锅中，加入适量清水，大火烧沸后转小火慢炖。

❸ 至木瓜变色熟软后，调入盐、鸡精即可。

养生功效

　　木瓜、花生、鸡爪都是丰胸的佳品，此汤不仅能美容润肤，对需要丰胸的女性来说更是一个不错的选择。

茶鸡竹笋汤

材料

鸡腿····················· 2 个
竹笋····················· 600 克
乌龙茶叶················· 15 克
盐····················· 适量

做法

❶ 将鸡腿洗净、剁块，竹笋洗净、切块。

❷ 将鸡腿块下入沸水中汆烫后，捞出。

❸ 将鸡腿、乌龙茶叶、竹笋和水装入炖锅以小火隔水炖2个小时，最后加盐调味即可。

养生功效

　　竹笋含脂肪、淀粉很少，属天然低脂、低热量食品，是肥胖者减肥的佳品。

薏米煮土豆

材料

薏米·····················50 克
土豆·····················200 克
料酒·····················10 毫升
荷叶·····················20 克
生姜、葱、盐、香油各适量

做法

❶ 将薏米洗净，去杂质；土豆去皮、洗净，切3厘米见方的块；生姜拍松；葱切段。

❷ 将薏米、土豆、荷叶、生姜、葱、料酒同放入炖锅内，加水，置大火上烧沸。

❸ 转小火炖煮35分钟，加入盐、香油即成。

养生功效

　　土豆中含有丰富的膳食纤维，多食不仅不会长胖，还是减肥者充饥的佳品。

山楂荷叶泽泻茶

材料

山楂·····················10 克
荷叶·····················5 克
泽泻·····················10 克
冰糖·····················适量

做法

❶ 将山楂、泽泻冲洗干净。

❷ 荷叶剪成小片，冲净。

❸ 将山楂、荷叶、泽泻放入锅中，加500毫升水以大火煮开，转小火续煮20分钟，加入冰糖，溶化即成。

养生功效

　　此茶具有降体脂、健脾、降血压、安神之效，可以预防肥胖、高血压、动脉硬化等症。

莲藕龙骨汤

材料
龙骨··················· 200 克
莲藕··················· 100 克
生姜片················· 1 片
盐、味精各适量

做法
❶ 将龙骨洗净，斩成小块，汆烫去血水；莲藕切滚刀块。
❷ 将切好的龙骨、莲藕和生姜片装入汤盅，加开水，上笼用中火炖1个小时。
❸ 放入盐、味精调味即可。

养生功效
　　莲藕中含有黏液蛋白和膳食纤维，能与人体内的胆酸盐、胆固醇及甘油三酯结合，使其从粪便中排出，从而减少人体对脂肪的吸收，有利于减肥。

藕节胡萝卜排骨汤

材料
藕节··················· 200 克
胡萝卜················· 150 克
猪排骨················· 500 克
白术、生姜、盐各适量

做法
❶ 将藕节刮去须和皮，洗净，切滚刀块；胡萝卜洗净、切块。
❷ 将猪排骨斩件，洗净，汆水。
❸ 将2000毫升清水放入瓦煲内，煮沸后加入所有食材，大火煲滚后，改用小火煲3个小时，加盐调味即可。

养生功效
　　白术有健脾益气、燥湿利水之功效，莲藕能减少脂类的吸收。二者合用具有健脾益胃、祛湿瘦身的作用。

瞿麦蔬果汁

材料

苹果······················50克
梨························50克
豆苗······················15克
瞿麦······················ 5克
清水、莲子各适量

做法

❶ 将瞿麦、莲子与清水置入锅中浸泡30分钟后，以小火加热煮沸，约1分钟后关火，滤取药汁待凉。

❷ 将苹果、梨去皮，洗净切小丁；豆苗洗净，切碎。

❸ 将苹果、梨、豆苗和药汁放入果汁机混合搅打，倒入杯中即可。

养生功效

　苹果、梨、豆苗、瞿麦四者合用，可起到瘦身的作用。

赤小豆薏芡炖鹌鹑

材料

鹌鹑······················ 2只
赤小豆··················25克
薏米······················ 12克
芡实······················ 12克
生姜片、食用油、芸豆、盐各适量

做法

❶ 将鹌鹑洗净，去其头、爪和内脏，斩块。

❷ 将赤小豆、薏米、芸豆、芡实洗净。

❸ 将所有食材放进炖盅，加适量沸水，把炖盅盖上，隔水炖至熟烂，加入适量食用油、盐调味即可。

养生功效

　本品具有清热解毒、利尿通淋的功效，对小便不利、大便秘结者均有效果。

土茯苓绿豆老鸭汤

材料
土茯苓·······················50 克
绿豆························· 200 克
陈皮························· 3 克
老鸭························· 500 克
盐························· 少许

做法
❶ 将老鸭洗净、斩件，备用。
❷ 将土茯苓、绿豆和陈皮用清水浸透，洗干净，备用。
❸ 瓦煲内加入适量清水，先用大火烧开，然后放入土茯苓、绿豆、陈皮和老鸭，待水再开后，改用小火继续煲3个小时左右，加入盐调味即可。

养生功效
　　绿豆、土茯苓均有很好的清热解毒功效，能帮助身体排出体内毒素。

清疮牛蛙汤

材料
牛蛙····················· 200 克
黄柏····················· 15 克
金银花····················· 25 克
桑白皮····················· 15 克
益母草····················· 25 克
枇杷叶、金钱草、熟地、冰糖、水各适量

做法
❶ 将牛蛙斩件，以上各个药材洗净。
❷ 将全部材料入煲，加水以小火煎成约500毫升，再加入冰糖调味即可。

养生功效
　　本品有清热泻火、燥湿利水、解毒疗疮之功效。

鲜荷叶双瓜薏米汤

材料

新鲜荷叶·················· 1片
西瓜肉·················· 适量
丝瓜·················· 1个
薏米、生姜、盐各适量

做法

❶ 将新鲜荷叶洗净，切成片；将西瓜肉与西瓜皮切开，西瓜肉切块；西瓜皮洗净，切块。

❷ 将丝瓜去皮、切块，薏米洗净泡发，生姜切片。

❸ 瓦煲内加水，放入西瓜皮、薏米、生姜，水滚后放入丝瓜煲熟，去掉西瓜皮，再放入荷叶和西瓜肉，稍滚，放盐调味即可。

养生功效

本汤鲜甜可口，可以清热气，解暑热，生津止渴，通利小便。

扁豆土茯苓汤

材料

扁豆·················· 50克
土茯苓·················· 50克
黄瓜·················· 1根
陈皮·················· 10克
老姜、盐各适量

做法

❶ 将所有食材清洗干净；黄瓜去皮，切成片备用。

❷ 将所有食材放入瓦煲内，加水，以大火煮滚后转小火煲约1个小时，加盐调味即可。

养生功效

扁豆有健脾和中、消暑化湿的功效；土茯苓可以解毒除湿，利关节。此汤具有清热祛湿、排毒的功效。

枇杷叶雪梨汤

材料

枇杷叶······················ 15克
雪梨························· 300克
薏米························· 100克
生姜、陈皮、冰糖各适量

做法

❶ 将所有食材洗净；雪梨去皮、切块。
❷ 将所有食材放入瓦煲内，加水，以小火炖煮约90分钟。
❸ 加冰糖调味即可。

养生功效

　　枇杷叶是常用的止咳化痰药，具有清肺化痰、止咳、降逆止呕的作用；雪梨可润肺清燥、止咳化痰、养血生肌。此汤具有滋阴润肺、清热排毒之功效。

紫草杏仁粥

材料

杏仁························· 20克
大米························· 100克
紫草························· 适量
盐·························· 少许

做法

❶ 将杏仁及大米加1000毫升水，大火烧开，转小火慢熬至粥将成。
❷ 再加入紫草熬至粥成，加盐调味即可。

养生功效

　　杏仁能润肠通便，防治便秘；紫草凉血活血，解毒透疹，能加速痘印和疤痕的消退。

鱼腥草金银花汤

材料

鱼腥草·····················30 克
金银花····················· 15 克
白茅根·····················25 克
连翘······················· 12 克
猪瘦肉、盐各适量

做法

❶ 将鱼腥草、金银花、白茅根、连翘洗净。

❷ 将鱼腥草、金银花、白茅根、连翘放入锅内加水煎汁，用小火煮30分钟，去渣留汁备用。

❸ 将猪瘦肉洗净、切片，放入药汤里，用小火煮熟，加盐调味即成。

养生功效

本品具有清热解毒、利尿通淋的功效，对内火旺盛、面口生疮等症均有疗效。

百合绿豆凉薯汤

材料

百合（干）············· 150 克
绿豆····················· 300 克
凉薯······················· 1 个
猪瘦肉····················· 1 块
盐、味精各适量

做法

❶ 将百合泡发；猪瘦肉洗净，切成块。

❷ 将凉薯洗净、去皮，切成大块。

❸ 将所有食材放入煲中，以大火煲开，转用小火煲15分钟，加入盐、味精调味即可。

养生功效

百合具有清火、润肺、安神的功效，与绿豆、凉薯同食能清热下火、润肠通便。

冬瓜瑶柱汤

材料

冬瓜···················· 200 克
瑶柱····················· 20 克
虾······················· 30 克
草菇、生姜、盐、食用油、高汤各适量

做法

❶ 将冬瓜去皮、切片，瑶柱泡发，草菇洗净对切，虾处理干净，生姜去皮、切片。

❷ 将炒锅置火上，加入食用油，爆香生姜片，下入高汤、冬瓜、瑶柱、虾、草菇煮熟，加入盐调味即可。

三鲜烩鸡片

材料

蟹柳···················· 150 克
鸡肉片·················· 150 克
玉米笋、竹笋、香菇片、食用油、高汤、西红柿片、盐各适量

做法

❶ 玉米笋、蟹柳切菱形，竹笋切段、氽水。

❷ 锅置火上放入食用油，入鸡肉片略炒，再把其余食材一起炒熟，倒入高汤，使菜煨至入味，加盐调味起锅即可。

鱼头煮冬瓜

材料

鱼头······················ 1 个
冬瓜···················· 100 克
茯苓····················· 25 克
盐、味精、葱花、香菜各适量

做法

❶ 将鱼头洗净、去鳃；冬瓜去皮、去瓤，切成块。

❷ 锅置小火上，放入鱼头、冬瓜、茯苓，加水煮沸，转小火煮至鱼头熟透，放入盐、味精、葱花、香菜即成。

雪梨猪腱汤

材料

猪腱···················· 500 克
雪梨···················· 1 个
无花果················· 8 个
盐或冰糖·············· 5 克

做法

① 将猪腱洗净、切块；雪梨洗净、去皮，切成块；无花果用清水浸泡，洗净。

② 把全部食材放入清水煲内，大火煮沸后，改小火煲2个小时。

③ 加盐调成咸汤或加冰糖调成甜汤供用（可根据自己的口味调用）。

养生功效

　雪梨可润肺清燥、降火解毒；无花果是排毒佳品，能防癌抗癌。

绿豆黄糖粥

材料

绿豆···················· 150 克
大米···················· 10 克
黄糖···················· 25 克

做法

① 将大米和绿豆洗净泡发。

② 所有食材一起上火煲。

③ 煲至粥浓稠时，再下入黄糖，继续煲至糖溶即可。

养生功效

　此粥具有清热去火、利水消暑的功效，对由上火引起的痤疮、尿少尿痛、口干咽痛均有疗效。

核桃仁粥

材料
核桃······················ 适量
大米······················50 克
白糖······················ 5 克

做法
❶ 将核桃取仁备用。
❷ 将核桃仁洗净，大米洗净泡发。
❸ 将核桃仁与大米加水放入锅中，用大火烧开，再转用小火熬煮成稀粥，加入白糖调味即可。

养生功效
　　核桃仁具有补肾温肺、润肠通便的功效，经常食用核桃仁粥，不仅能美容养颜，还能延年益寿。

川贝蒸梨

材料
川贝······················ 10 克
雪梨······················ 1 个
冰糖······················20 克

做法
❶ 将雪梨削皮去核与籽，切块。
❷ 将雪梨与川贝、冰糖一起盛入碗盅内，加水至七分满，隔水炖30分钟即可。

养生功效
　　川贝有润肺、止咳、化痰的功效。川贝蒸梨美味香甜，具有非常好的清热润肺、排毒养颜效果，不仅能止咳化痰，还能滋润肌肤。

川贝枇杷茶

材料

川贝··················· 10 克
枇杷叶················· 25 克
麦芽糖··················· 10 克

做法

❶ 将川贝、枇杷叶放入煮锅。
❷ 加600毫升水以大火煮开，转小火续熬至约剩350毫升水。
❸ 弃药渣，加麦芽糖拌匀即成。

养生功效

川贝可化痰止咳、滋阴润肺；枇杷叶具有清肺止咳、降逆止呕的功效。此茶适用于咳嗽多痰者。

金银花绿茶

材料

金银花··················· 5 克
绿茶··················· 3 克

做法

❶ 将材料放进茶壶中，倒入开水。
❷ 浸泡5~10分钟后即可饮用。

养生功效

金银花性寒味甘，能宣散风热、清解血毒；绿茶是非发酵茶，它保留了较多鲜叶内的天然物质，这些成分对防衰老、防癌、抗癌、杀菌、消炎等均有特殊效果。此茶具有良好的杀菌排毒效果。

茯苓菊花猪瘦肉汤

材料
猪瘦肉·················· 400 克
茯苓·················· 10 克
菊花·················· 20 克
白芝麻、盐、鸡精各适量

做法
❶ 将猪瘦肉洗净，切块，余去血水；茯苓洗净，切片；菊花、白芝麻洗净。
❷ 将猪瘦肉放入煮锅中余水，捞出备用。
❸ 将猪瘦肉、茯苓、菊花放入炖锅中，加入清水，炖2个小时，调入盐和鸡精，撒上白芝麻关火，加盖闷一下即可。

养生功效
　　该方具有疏风清热、解毒消肿、利尿泻火的功效，对急性乳腺炎有一定的辅助治疗作用。

莲藕赤小豆汤

材料
猪瘦肉·················· 250 克
莲藕·················· 300 克
赤小豆·················· 50 克
蒲公英·················· 10 克
生姜丝、葱末、盐、料酒各适量

做法
❶ 将猪瘦肉洗净、切块；莲藕去节、去皮、洗净、切段；赤小豆淘洗干净，蒲公英洗净，用纱布包好，扎紧。
❷ 锅入水，入猪瘦肉、莲藕、赤小豆、料酒、生姜丝、葱末，中小火煮1个小时。
❸ 加蒲公英包煎10分钟后取出，加盐即成。

养生功效
　　蒲公英有清热解毒、消肿排脓的功效，赤小豆可抗菌消炎、排脓消肿，莲藕可清热凉血。三者配伍，对辅助治疗急性乳腺炎有较好疗效。

大黄蒲公英茶

材料

大黄······················ 2 克
蒲公英····················· 15 克
荆芥穗····················· 10 克

做法

❶ 将蒲公英、荆芥穗洗净，放入锅中，加600毫升水，大火煮开，转小火续煮5分钟。

❷ 再将大黄放入锅中，续煮1分钟即可关火。

❸ 滤去药渣，取汁饮用。

养生功效

药理研究表明，蒲公英有良好的抗炎、抗病毒作用，可用于临床多种感染性疾病，如急性乳腺炎、肺脓肿、腮腺炎、化脓性咽喉炎等症的治疗。大黄可清热解毒、泻火通便，外用可消肿敛疮，对热毒炽盛的病症有较好的效果。

丝瓜金银花饮

材料

金银花···················40 克
丝瓜····················· 500 克

做法

❶ 将丝瓜、金银花用清水洗净，丝瓜切成菱形块状。

❷ 锅中下入丝瓜、金银花，加1000毫升水，大火煮开后转中火煮5分钟即可。

养生功效

丝瓜可清热解毒、通络下乳，对哺乳期乳汁淤滞、乳腺发炎的患者有很好的食疗作用。金银花清热泻火、解毒消肿，可治疗多种热性病症，两者合用，清热效果更佳。

马蹄百合生鱼汤

材料

生鱼·················· 300 克

马蹄·················· 200 克

白茅根、无花果、淮山、百合、
枸杞子、盐各适量

做法

❶ 将生鱼宰杀处理干净，切块、氽水；马蹄去皮洗净；无花果、淮山均洗净；百合、枸杞子泡发洗净。

❷ 将生鱼、马蹄、无花果、淮山、白茅根均放入汤煲中，加入适量清水，大火烧开后用中火炖1个小时，再放入百合、枸杞子炖煮10分钟，加入盐调味即可。

养生功效

生鱼可补虚、敛疮生肌，促进伤口愈合，对乳腺炎初期患者和术后急性乳腺炎患者有很好的食疗效果。

青皮炒兔肉

材料

青皮·················· 12 克

生姜·················· 9 克

兔肉·················· 150 克

料酒、花椒、葱段、姜末、盐、
酱油、味精、食用油、香油各适量

做法

❶ 将青皮用温水泡后切小块。

❷ 将兔肉洗净、切丁，用盐、姜末、葱段、料酒、酱油腌渍10分钟。

❸ 锅中放食用油，将兔肉翻炒至肉色发白，然后放入青皮、花椒继续翻炒；待兔肉丁熟时，加酱油、味精等，炒至收干水分，淋上香油即成。

养生功效

青皮可理气散结、行气止痛，对乳腺增生、乳房疼痛有烧灼感的患者效果较佳。

佛手元胡猪肝汤

材料

佛手······················ 10 克

元胡······················ 10 克

制香附····················· 8 克

猪肝、盐、生姜丝、葱花各适量

做法

❶ 将佛手、元胡、制香附洗净，备用；猪肝洗净切片。

❷ 放佛手、元胡、制香附入锅内，加适量水煮沸，再用小火煮15分钟左右。

❸ 加入猪肝片，放入适量盐、生姜丝、葱花，熟后即可。

养生功效

　　元胡、佛手、制香附均有活血化淤、宽胸散结的功效，猪肝可养肝补血。四者合用，可辅助治疗肝气郁结、气滞血淤型乳腺增生。此汤还能补血调经，对月经不调的患者有益处。

海带海藻瘦肉汤

材料

猪瘦肉·················· 350 克

海带······················ 适量

海藻······················ 适量

盐······················· 6 克

做法

❶ 将猪瘦肉洗净、切件，海带洗净、切片，海藻洗净。

❷ 将猪瘦肉汆一下，去除血腥。

❸ 将猪瘦肉、海带、海藻放入锅中，加入清水，炖2个小时至汤色变浓，调入盐即可。

养生功效

　　海带、海藻中含有大量的碘，碘可以刺激垂体前叶黄体生成素，促进卵巢滤泡黄体化，从而使雌激素水平降低，恢复卵巢正常的功能，纠正内分泌失调，消除乳腺增生的隐患。此汤是乳腺增生患者的食疗佳品。

三七薤白鸡肉汤

材料

鸡肉……………………… 350 克
枸杞子………………………20 克
三七、薤白、盐各适量

做法

❶ 将鸡肉洗净、斩件、氽水，三七洗净、切片，薤白洗净、切碎，枸杞子洗净、浸泡备用。

❷ 将鸡肉、三七、薤白、枸杞子放入锅中，加适量清水，用小火慢煲。

❸ 2个小时后加入盐调味即可。

养生功效

　　薤白具有通阳散结、行气止痛的功效，对胸肋刺痛、心痛彻背、小腹冷痛、乳房胀痛等症均有疗效，是治疗胸痹、心痛的常用药；三七可活血化淤、散结止痛。两者合用，对气滞血淤型乳腺增生有很好的疗效。

佛手黄精炖乳鸽

材料

乳鸽…………………… 1 只
佛手………………… 10 克
黄精………………… 15 克
枸杞子、盐、葱、天麻各适量

做法

❶ 乳鸽处理干净，天麻、黄精洗净稍泡，枸杞子洗净泡发，葱洗净切段。

❷ 热锅注水烧沸，下乳鸽滚尽血渍，捞起。

❸ 炖盅注入水，放入天麻、黄精、枸杞子、乳鸽，大火煲沸后改为小火煲3个小时，放入葱段，加盐调味即可。

养生功效

　　佛手有理气散结、舒肝健脾、活血化淤等多种药用功能，乳鸽可益气补虚、疏肝解郁，黄精可滋补肝肾。三者合用，对胸肋胀痛、刺痛及经前乳房胀痛均有疗效。

山楂茉莉高粱粥

材料

高粱米·····················70 克
红枣·······················20 克
山楂·······················10 克
茉莉花、白糖各适量

做法

❶ 将高粱米洗净、泡发，红枣洗净、切片，茉莉花洗净，山楂洗净。

❷ 锅置于火上，倒入清水，放入红枣、高粱米煮至高粱米熟透。

❸ 加入山楂、茉莉花同煮至粥成浓稠状，调入白糖拌匀即可。

养生功效

　　茉莉花可疏肝解郁、调理情绪；山楂可活血化淤、行气止痛；红枣可补益气血；高粱米富含纤维素，可减少人体对脂肪的吸收，使激素水平下降，从而有利于乳腺增生患者的恢复。

柴胡橘皮饮

材料

柴胡·····················10 克
延胡索···················适量
鲜橘皮···················15 克
丝瓜·····················10 克
白糖、杏仁各适量

做法

❶ 将丝瓜去皮、洗净、切块；柴胡、延胡索洗净，煎汁去渣备用。

❷ 将鲜橘皮、丝瓜洗净，一起放入锅中，加水适量，大火煮开后转小火续煮15分钟。

❸ 放入杏仁、药汁，煮沸后即可关火，加少许白糖，代茶饮。

养生功效

　　延胡索可理气通络，柴胡可疏肝理气，丝瓜通络散结，橘皮理气止痛。四者合用，对肝郁气滞型的乳腺增生者有一定的食疗效果。

苦瓜牛蛙汤

材料

紫花地丁·················· 15 克
蒲公英···················· 15 克
苦瓜、牛蛙、盐、生姜片各适量

做法

❶ 将苦瓜去籽、洗净、切厚片，用盐水稍泡；紫花地丁、蒲公英洗净，备用。

❷ 将牛蛙处理干净斩块，氽水备用。

❸ 净锅上火倒入汤，调入盐、生姜片烧开，下入牛蛙、苦瓜、紫花地丁、蒲公英煲至熟即可。

养生功效

　　苦瓜具有清热祛暑、利尿凉血、明目解毒、益气清心等功效，与牛蛙同煲汤，具有很好的排毒养颜作用，适合女性食用。

西芹淮山木瓜

材料

西芹····················· 300 克
淮山····················· 200 克
木瓜····················· 200 克
盐、味精、食用油各适量

做法

❶ 将西芹洗净，切成小段；木瓜去皮、去籽，切成块；淮山去皮、切块。

❷ 锅置火上，加水烧开，下入西芹、木瓜、淮山稍氽后捞出沥水。

❸ 锅上火加食用油烧热，下入全部材料一起炒至入味即可。

养生功效

　　西芹含有利尿成分，可消除体内钠潴留，利尿消肿，有一定的瘦身功效。木瓜可消脂减肥、帮助消化，加以淮山同煮，还可预防营养不良，滋润皮肤，减少面部色素沉着。

PART 3
滋补调养篇

　　做女人，想要拥有明眸皓齿、花颜雪肤，最根本的方法是调护得当，最起码要让气血活起来，只有当气血在身体里流动时，粉嫩、健康的光泽才会尽显在脸上。当然，这一切都需要有健康的脏腑作为后盾，所以，养心、暖肝、强肾、润肺、健脾、护胃，这些都是女人必须要做的美容功课。

阿胶淮杞炖甲鱼

材料
甲鱼……………………… 1只
清鸡汤…………… 750毫升
淮山……………………… 8克
枸杞子、阿胶、生姜、料酒、
盐、味精各适量

做法
① 将甲鱼宰杀洗净，切成中块，汆水去其血水，淮山、枸杞子用温水浸透洗净。
② 将甲鱼、清鸡汤、淮山、枸杞子、生姜、料酒置于炖盅，盖上盅盖，隔水炖之。
③ 锅内水开后，中火炖煮2个小时，入阿胶后再用小火炖煮30分钟，加入盐、味精调味即可。

养生功效
　　阿胶能补血、止血，滋阴润燥；枸杞子补肾经、养肝明目，常食有益健康。

莲子百合银耳粥

材料
糯米……………………… 100克
莲子……………………… 150克
百合………………………50克
银耳………………………25克
燕麦片、枸杞子、桂圆各适量

做法
① 将银耳泡软去硬蒂，汆烫后切成小块；桂圆剥去外壳备用。
② 将糯米与燕麦片洗净，加水煮熟；百合洗净泡水后煮至松软。
③ 将百合、银耳、桂圆、莲子加入糯米粥中，再煮一下，最后放入枸杞子即可。

养生功效
　　糯米能补血健脾，百合能宁心安神，莲子能健脾养心，银耳能滋阴润肺。

莲子百合汤

材料

百合·······················20 克
莲子·······················50 克
黑豆·······················300 克
鲜椰汁·····················适量
冰糖·······················30 克

百合： 养阴润肺、清心安神

做法

❶ 莲子洗净用沸水浸泡30分钟，再煲煮15分钟，倒出冲洗；百合洗净，浸泡；黑豆洗净，用沸水浸泡1个小时以上。

❷ 沸水中下黑豆，大火煲30分钟，下莲子、百合，中火煲45分钟，改小火煲1个小时。

❸ 下冰糖，待溶，调入鲜椰汁即成。

养生功效

　　莲子可养神安宁、降血压。百合能补中益气、温肺止咳。此汤可滋阴润肺、养心安神、美白养颜。

灵芝石斛瘦肉汤

材料
猪瘦肉……………… 300 克
盐………………… 5 克
鸡精、灵芝、石斛、鱼胶各适量

做法
1. 将猪瘦肉洗净、切件，氽水，灵芝、鱼胶洗净、浸泡，石斛洗净、切片。
2. 将猪瘦肉、灵芝、石斛、鱼胶放入锅中，加入清水慢炖。
3. 炖至鱼胶变软后，调入盐和鸡精即可。

淮山炖猪血

材料
猪血……………… 100 克
淮山……………… 适量
盐、食用油、味精各适量

做法
1. 将淮山洗净、去皮、切片。
2. 将猪血切片，放开水锅中氽一下捞出。
3. 将猪血与淮山同放另一锅内，加入食用油、盐和适量水烧开，改用小火炖15~30分钟，加入盐、味精即可。

板栗蜜枣汤

材料
板栗……………… 100 克
蜜枣……………… 4 颗
桂圆肉……………… 15 克
冰糖……………… 适量

做法
1. 将蜜枣去核，板栗加水略煮，去其外壳。
2. 将板栗、蜜枣、桂圆肉放入锅中，加入水，以小火煮50分钟，再加适量冰糖煮滚即可。

双仁菠菜猪肝汤

材料

猪肝	200 克
菠菜	2 棵
酸枣仁	10 克
柏子仁	10 克
盐	适量

做法

① 将酸枣仁、柏子仁装在棉布袋中，扎紧。

② 将猪肝洗净、切片，菠菜择去头、洗净、切成段。

③ 将布袋入锅中，加4碗水熬汤汁，熬至约剩3碗。

④ 猪肝氽烫捞起，和菠菜一起加入汤汁中，待水一滚沸即熄火，加盐调味即成。

养生功效

　　菠菜中铁含量较为丰富，是补血滋阴之佳品；猪肝富含铁和维生素 K，也是较理想的补血佳品。

菠菜： 通便清热、理气补血

黑木耳红枣猪蹄汤

材料

黑木耳··················20 克
红枣······················ 15 颗
猪蹄、盐各适量

做法

❶ 将黑木耳洗净、浸泡；红枣去核、洗净；
猪蹄去净毛，斩件，洗净后氽水。

❷ 锅置火上，将猪蹄干爆5分钟。

❸ 将2000毫升清水放入瓦煲内，煮沸后加入
以上食材，大火煲开后改用小火煲3个小
时，加盐调味即可。

百合桂圆瘦肉汤

材料

百合······················20 克
桂圆······················20 克
猪瘦肉片·············· 200 克
红枣、食用油、盐各适量

做法

❶ 将百合、桂圆、红枣均洗净，红枣去核。

❷ 锅中放入食用油、水、百合、桂圆、红枣
煮沸，放入洗净的猪瘦肉片，小火滚至猪
瘦肉片熟透，加入盐调味即可。

桂圆养生粽

材料

桂圆、红枣、赤小豆、绿豆、南瓜子、枸杞子、
燕麦、红糯米、白糯米、板栗各适量

做法

❶ 将红枣去核；桂圆切碎；板栗切片。

❷ 洗净红、白糯米及赤小豆、绿豆、燕麦，
然后放在清水中泡好备用。

❸ 将以上所有材料一起放入电锅内，煮熟后
用筷子拌匀，同时拌入南瓜子、枸杞子
等，再包入粽叶或锡箔纸内，食用前再蒸
一下即可。

归芪红枣鸡汤

材料

当归·····················10 克
黄芪·····················15 克
红枣····················· 8 颗
鸡肉····················· 150 克
盐····················· 适量

做法

1. 将鸡肉洗净、剁块，当归、黄芪、红枣均洗净备用。
2. 将鸡肉放入沸水中汆烫，捞起冲净。
3. 将鸡肉、当归、黄芪、红枣一起盛入锅中，加7碗水以大火煮开，转小火续炖30分钟，起锅前加盐调味即可。

养生功效

当归可补血活血、调经止痛、润肠通便，黄芪可补气固表、止汗脱毒、生肌、利尿、消肿。

参果炖瘦肉

材料

猪瘦肉·····················25 克
太子参·················· 100 克
无花果················· 200 克
盐····················· 适量

做法

1. 将太子参略洗，无花果洗净。
2. 将猪瘦肉洗净、切片。
3. 把全部食材放入炖盅内，加滚水适量，盖好盖子，隔滚水炖约2个小时，加入盐调味即可。

养生功效

太子参可补益脾肺、益气生津，无花果可健脾止泻。此品能益气养血、健胃理肠，对面色萎黄、食欲减退、腹泻者有疗效。

醪糟葡萄干

材料
醪糟······150 克
葡萄干······20 克
红枣······10 克
白糖······适量

做法
1 将红枣洗净去核，切成小粒。
2 锅中加水，下入红枣粒、葡萄干煮开后，再加入醪糟。
3 待煮至入味后，加入白糖继续煮稠即可。

养生功效
　　本品中的铁和钙含量十分丰富，可补血气、暖肾，是女性体弱贫血者的滋补佳品。

红枣：补益脾胃、养血补气

灵芝鸡腿汤

材料

香菇……………………… 2 朵

鸡腿……………………… 1 只

灵芝……………………… 3 片

杜仲……………………… 5 克

淮山、红枣、丹参、盐各适量

做法

❶ 将鸡腿洗净，以开水汆烫。

❷ 炖锅放入适量水烧开后，将全部材料入锅煮沸，再转小火炖约1个小时即可。

百合乌鸡汤

材料

乌鸡……………………… 1 只

生百合…………………… 30 克

大米、葱、生姜、盐各适量

做法

❶ 将乌鸡洗净斩件，汆水；百合洗净；生姜洗净、切片；葱洗净、切段；大米洗净。

❷ 锅中加入适量清水，下入乌鸡、生百合、生姜片、大米炖煮2个小时，下入葱段，加盐调味即可。

黑木耳桂圆汤

材料

黑木耳…………………… 3 克

桂圆……………………… 5 克

冰糖……………………… 适量

做法

❶ 将黑木耳泡发，摘去老蒂；桂圆洗净。

❷ 在煮锅内，放入适量清水，用大火煮沸，把黑木耳、桂圆放进锅内共煮。

❸ 加冰糖调味即可。

梅芪玉米须茶

材料

乌梅·····················15 克
黄芪·····················15 克
玉米须···················10 克
白糖····················· 适量

做法

❶ 将玉米须、黄芪洗净。

❷ 将乌梅、黄芪、玉米须放入锅中。

❸ 加4碗水以大火煮开，转小火慢煮，煮约20分钟，待茶汁呈黄褐色，拣去玉米须加入白糖即成。

养生功效

　　此茶能生津止渴、利水消肿、增进食欲，调理糖尿病患者多饮、多食、多尿之现象，并能预防肝炎、高血压等症。

丁香绿茶

材料

丁香花瓣·················10 克
绿茶····················· 3 克

做法

❶ 将丁香花瓣洗净撕碎，与绿茶搅拌均匀。

❷ 将丁香花与绿茶置于杯中，加入适量温水浸泡2分钟，把水倒掉。

❸ 加入适量沸水泡10分钟即可。

养生功效

　　绿茶可清肝泻火，丁香可疏肝理气。此茶芳香四溢，能清热解渴、清肝明目。

远志菖蒲鸡心汤

材料

鸡心	300 克
胡萝卜	1 根
远志	15 克
菖蒲	15 克
盐	适量
葱段	适量

远志：安神益智、增强免疫力

做法

1. 将远志、菖蒲装在棉布袋内，扎紧。
2. 将鸡心汆烫，捞起备用；葱洗净、切段。
3. 将胡萝卜削皮洗净，切片，和棉布袋一起先下锅，加4碗水煮汤，以中火滚沸至剩3碗水，加入鸡心煮沸，下葱段，用盐调味即成。

养生功效

本品可滋补心脏、安神益智，可改善失眠多梦、健忘惊悸、神志恍惚等症。

莲子茯神猪心汤

材料

猪心	1 个
莲子	200 克
茯神	25 克
葱段	2 克
盐	5 克

莲子： 补脾止泻、养心安神

做法

1. 将猪心氽烫去血水，捞起，再放入清水中处理干净。
2. 将莲子、茯神洗净入锅，加4碗水熬汤，以大火煮开后转小火约煮20分钟。
3. 将猪心切片，放入第2步骤做好的材料中，煮沸后加入葱段、盐，即可起锅。

养生功效

莲子可养心安神、补脾止泻，茯神可健脾宁心。此汤对心脾两虚、失眠多梦、便溏腹泻者有很好的疗效。

白果决明子菊花茶

材料

白果·························· 10 克
决明子····················· 10 克
菊花··························· 5 克
冰糖·························· 10 克

做法

① 将白果去壳、去皮，和决明子放入锅中，加600毫升水以大火煮开，转小火续煮20分钟。

② 加入菊花、冰糖，待水开后即可熄火。

决明枸杞子茶

材料

决明子····················· 5 克
枸杞子····················· 5 克
白糖························· 适量

做法

① 将决明子放入锅中，加350毫升水以大火煮开，转小火续煮15分钟。

② 加入枸杞子、白糖续煮5分钟即成。

黑豆甘草茶

材料

黑豆······················ 150 克
甘草······················· 15 克
白糖························· 少许

做法

① 将黑豆洗净，和甘草一起放入锅中。

② 加600毫升水以大火煮开，转小火续煮20分钟，加适量白糖即成。

桂圆凤爪汤

材料
桂圆······················50 克
鸡爪······················200 克
生姜块·····················10 克
葱结······················10 克
清汤······················1000 毫升
盐、味精、料酒、香油各适量

做法
① 将鸡爪洗净，去甲。
② 将鸡爪放入沸水中余烫一下，捞起。
③ 将鸡爪放进锅中，加入桂圆、生姜块、葱结、清汤、料酒、盐、味精，加盖，上笼大火蒸，约2个小时后出笼，弃去姜块、葱结，淋入香油即可。

养生功效
此品能补气血、养心神，改善失眠。

芹菜水果汁

材料
芹菜茎·····················1 根
西红柿·····················1 个
葡萄柚·····················适量
蜂蜜······················适量

做法
① 将芹菜茎洗净、切段，西红柿洗净、切块，葡萄柚洗净、挤汁。
② 将所有食材一起放入果汁机中搅打均匀。
③ 加蜂蜜调味即可。

养生功效
此果汁能减轻肝脏负担，预防脂肪肝，并能清肝降火，改善头晕、头疼、失眠、心烦等症。

枸杞子桂圆银耳汤

材料

枸杞梗……………… 500 克

银耳……………………50 克

枸杞子………………20 克

桂圆………………… 10 克

生姜、盐、食用油各适量

银耳： 补脾开胃、滋阴润肺

做法

❶ 将桂圆、枸杞子洗净。

❷ 将银耳用温水泡发，洗净，煮5分钟，捞起沥干水。

❸ 热锅下食用油爆香生姜，放入银耳略炒后盛起。另加适量水煲滚，放入枸杞梗、桂圆、枸杞子、银耳、生姜煲滚，小火煲1个小时，下盐调味即成。

养生功效

　　本品可养肝明目、补血养心、滋阴润肺，对面色萎黄、两目干涩、口干咽燥等症均有很好的改善作用。

双莲粥

材料

莲子·····················30 克
莲藕·····················60 克
红米·····················40 克
糯米·····················30 克
红糖·····················20 克

莲藕： 清热生津、凉血止血

做法

① 将红米淘洗干净，糯米淘洗干净后泡水 2 个小时以上；莲子冲水洗净、去莲心；莲藕洗净后去皮切片。

② 锅中放入红米、糯米、莲藕及适量水，用大火煮开后改用小火慢煮至米软。

③ 再放入莲子煮半个小时，调入红糖即可。

养生功效

本品能健脾开胃、益血补心，还有消食、止渴、生津的功效。

山楂麦芽猪腱汤

材料

猪腱·················· 200 克

盐······················ 2 克

山楂、麦芽、鸡精各适量

做法

① 将山楂洗净，切开去核；麦芽洗净；猪腱洗净、斩块。

② 锅入水烧开，猪腱汆去血水，取出洗净。

③ 瓦煲内注水用大火烧开，下入猪腱、麦芽、山楂，改小火煲2.5个小时，加盐、鸡精调味即可。

银耳淮山莲子鸡汤

材料

鸡肉·················· 400 克

银耳、淮山、莲子、枸杞子、

盐、鸡精各适量

做法

① 将鸡肉处理干净，切块、汆水；银耳泡发洗净，撕成小块；淮山洗净、切片；莲子洗净，对半切开，去莲心；枸杞子洗净。

② 炖锅中注水，放入鸡肉、银耳、淮山、莲子、枸杞子，炖熟，调入盐、鸡精即可。

莲子百合排骨汤

材料

排骨·················· 200 克

盐······················ 3 克

莲子、芡实、百合各适量

做法

① 将排骨洗净、斩件，汆去血渍；将莲子去心、洗净；芡实洗净；百合洗净泡发。

② 将排骨、莲子、芡实、百合放入砂煲，注入清水，大火烧沸，改小火煲2个小时，加盐调味即可。

乌鸡粥

材料

乌鸡腿·························· 1 只
红枣·························· 15 颗
大米·························· 50 克
盐·························· 5 克
参须·························· 1 支

做法

❶ 将大米洗净，泡水1个小时；乌鸡腿洗净；参须泡水1杯备用。

❷ 锅中注水，放入红枣、大米，大火煮开。

❸ 加入乌鸡腿、参须和水，煮开后，改用小火慢慢炖煮至稠，调入盐煮匀即可。

养生功效

乌鸡可补肾养血、调经止痛，加上红枣可补血养颜，对青春期月经不调、面色暗黄者有很好的调养作用。

二参猪腰汤

材料

猪腰·························· 1 个
沙参·························· 10 克
党参·························· 10 克
枸杞子·························· 5 克
生姜、盐、味精各适量

做法

❶ 将猪腰洗净、切开，去掉腰臊，再切成片；沙参、党参润透，均切成小段。

❷ 锅入水烧开，下入猪腰片汆熟后，捞出。

❸ 将猪腰、沙参、党参、枸杞子、生姜装入炖盅内，加适量水，入锅中炖半个小时至熟，调入盐、味精即可。

养生功效

猪腰可补肾气、通膀胱、止消渴。该汤可用于辅助治疗肾虚腰痛、水肿、耳聋等症。

白芍白蒺藜淮山排骨汤

材料

白芍	10 克
白蒺藜	5 克
淮山	250 克
香菇	3 朵
竹荪	15 克
排骨	1000 克
盐	5 克

白芍：柔肝养血、美白护肤

做法

❶ 将排骨斩块，入沸水汆烫，捞起冲洗；淮山去皮、切块；香菇去蒂、冲净、切片。

❷ 将竹荪以清水泡发、洗净，沥干、切段；排骨盛入锅中，放入白芍、白蒺藜，加水至盖过材料，以大火煮开，转小火续炖20分钟。

❸ 加入淮山、香菇、竹荪续煮10分钟，加盐调味即成。

养生功效

　　此汤有养肝补血、调经理带的功效。

糯米红枣

材料

红枣·····················200 克
糯米粉·················100 克
白糖······················30 克

糯米： 温补五脏、收敛止汗

做法

① 将红枣泡好，去核。
② 糯米粉用水搓成团，放入红枣中，装盘。
③ 用白糖泡水，倒入红枣中，再将整盘放入蒸笼蒸5分钟即可。

养生功效

　　红枣富含多种营养成分，其中维生素 C 的含量在果品中名列前茅，有"天然维生素丸"之称，而且红枣还具有补虚益气、养血安神的功效。

麦冬炖猪肚

材料
猪肚………………… 500 克
麦冬…………………… 20 克
生姜…………………… 10 克
盐、味精、胡椒粉各适量

做法
❶ 将猪肚洗净，入锅中煮熟后捞出；生姜洗净、切片。
❷ 将煮熟的猪肚切成条状。
❸ 再装入煲中，加入麦冬、生姜片，上火煲1个小时后，加入盐、味精、胡椒粉即可。

养生功效
　　麦冬可滋阴生津、润肺止咳、清心除烦；猪肚可健脾益气，具有辅助治疗虚劳羸弱、泄泻、下痢、消渴、小便频数、小儿疳积的功效。

淮山猪肚汤

材料
猪肚………………… 500 克
淮山………………… 100 克
红枣………………… 8 颗
盐…………………… 5 克
味精………………… 适量

做法
❶ 将猪肚用开水烫片刻，刮除黑色黏膜，洗净切块。
❷ 将淮山用清水洗净。
❸ 将猪肚、淮山和红枣放入砂煲内，加适量清水，大火煮沸后改用小火煲2个小时，加入盐和味精调味即可。

养生功效
　　淮山、猪肚均可健脾益气，对脾虚腹泻、食欲缺乏、面色萎黄等症均有疗效。

茯苓糙米鸡

材料

鸡⋯⋯⋯⋯⋯⋯⋯⋯ 半只
生姜⋯⋯⋯⋯⋯⋯⋯⋯ 1块
茯苓⋯⋯⋯⋯⋯⋯⋯⋯ 10克
淮山⋯⋯⋯⋯⋯⋯⋯⋯ 10克
松子、红枣、糙米、葱花、盐各适量

松子：润肠通便、增强记忆力

做法

① 将鸡洗净，氽烫去血水。

② 烧开一小锅水，再放入除松子、葱花、盐以外的所有材料，大火煮5分钟后以小火慢炖约30分钟即关火，食用前撒入松子、葱花、盐即可(倘若可以买到小一点的土鸡，用整只鸡，并将糙米塞入鸡肚子内，鸡汤会比较清)。

养生功效

　　茯苓可健脾燥湿、镇静安神，淮山可滋养补脾、增强记忆力，松子可润肠通便。

百合冬瓜鸡蛋汤

材料
百合······················30 克
冬瓜肉················· 120 克
鸡蛋······················ 1 个
香油、姜丝、葱花、盐各适量

做法
❶ 将百合去杂洗净，撕成小片；冬瓜肉洗净、切片；鸡蛋打入碗内，搅拌均匀。
❷ 锅内加水适量，放入百合、冬瓜片、姜丝、葱花，大火烧沸，改用小火煮10分钟，兑入鸡蛋汁，调入盐、香油即成。

川贝炖豆腐

材料
豆腐················· 300 克
川贝·····················25 克
冰糖····················· 适量

做法
❶ 将川贝打碎或研成粗米状，冰糖亦打粉碎备用。
❷ 将豆腐放炖盅内，放入川贝、冰糖，盖好盖，隔滚水小火炖约1个小时即可。

淮山杏仁糊

材料
淮山粉·················20 克
杏仁粉················· 10 克
鲜牛奶··········· 200 毫升
白糖····················· 少许

做法
❶ 牛奶倒入锅中以小火煮，倒入淮山粉与杏仁粉，并加入白糖调味，边煮边搅拌，以免烧焦粘锅。
❷ 煮至汤汁成糊状，即成。

白菜黑枣牛百叶汤

材料

牛百叶·················· 500 克
猪瘦肉·················· 150 克
白菜·················· 1000 克
黑枣、盐、味精各适量

做法

① 将白菜洗净，梗、叶切开；猪瘦肉洗净、切片，加盐稍腌。

② 将牛百叶洗净，切梳形件，放入滚水中浸2～3分钟，沥干水。

③ 把白菜梗、黑枣放入清水锅内，大火煮滚后，改小火煲1个小时；放入白菜叶，再煲20分钟；然后放入猪瘦肉及牛百叶再煮熟，加盐、味精调味即可。

养生功效

本品可健脾益气、益胃生津。

玉米肚仁汤

材料

肚仁·················· 200 克
玉米·················· 1 根
生姜·················· 1 片
盐、味精各适量

做法

① 将肚仁洗净、汆水；玉米切段。

② 将所有食材放入盅内加水，大火煮沸后转中火蒸2个小时。

③ 最后放入盐、味精调味即可。

养生功效

玉米中含有的维生素 B_6、烟酸等成分，具有刺激胃肠蠕动，可防治便秘、肠炎、肠癌等。肚仁可健脾补虚，对脾胃虚弱者有很好的食疗作用。

黄芪蔬菜汤

材料

黄芪……………………	15 克
西蓝花……………………	300 克
西红柿……………………	1 个
新鲜香菇……………………	3 朵
盐……………………	5 克

西红柿：清热止渴、滋阴凉血

做法

❶ 将西蓝花切小朵，剥除梗子的硬皮，清洗干净。

❷ 将西红柿洗净，在外表轻划数刀，入沸水中汆烫至皮翻起，捞起剥去外皮，切块；新鲜香菇洗净，对切。

❸ 将黄芪加4碗水煮开，转小火煮10分钟，再加入西红柿和新鲜香菇续煮15分钟；加入西蓝花，转大火煮滚，加盐调味。

养生功效

　　本品能健脾胃、排毒养颜、防癌抗癌。

莲子补骨脂猪腰汤

材料

补骨脂⋯⋯⋯⋯⋯⋯⋯50 克
猪腰⋯⋯⋯⋯⋯⋯⋯ 1 个
莲子⋯⋯⋯⋯⋯⋯⋯40 克
核桃⋯⋯⋯⋯⋯⋯⋯40 克
生姜、盐各适量

做法

❶ 将补骨脂、莲子、核桃分别洗净、浸泡；猪腰剖开，除去白色筋膜，加盐揉洗，以水冲净；生姜洗净、去皮、切片。

❷ 将所有食材放入砂煲中，注入清水，大火煲沸后转小火煲煮2个小时。

❸ 加盐调味即可。

养生功效

此汤为冬令的养生汤品，有补肾壮阳、驻颜美容的功效。

太子参炖鲍鱼

材料

鲍鱼⋯⋯⋯⋯⋯⋯⋯ 100 克
猪瘦肉⋯⋯⋯⋯⋯⋯ 250 克
天门冬⋯⋯⋯⋯⋯⋯50 克
太子参⋯⋯⋯⋯⋯⋯50 克
桂圆肉⋯⋯⋯⋯⋯⋯25 克
盐、味精各适量

做法

❶ 将鲍鱼用滚水烫4分钟，洗净；猪瘦肉洗净、切片。

❷ 将天门冬、太子参、桂圆肉洗净。

❸ 把鲍鱼、猪瘦肉、天门冬、太子参、桂圆肉放入炖盅内，加适量开水后盖好盖，隔开水用中小火炖3个小时，加入盐、味精调味即可。

养生功效

此品具有滋肾润肺、养阴清热的功效。

黄芪山药鲫鱼汤

材料

黄芪······················ 15 克
干山药·················· 20 克
鲫鱼······················ 1 条
姜丝、葱丝、盐各适量

做法

❶ 将鲫鱼处理干净，在鱼两侧各划一刀备用。

❷ 将黄芪、干山药放入锅中，加适量水煮沸，然后转小火熬煮约15分钟后转中火，放入鲫鱼煮约10分钟。

❸ 鲫鱼熟后，放入姜丝、葱丝、盐调味即可。

雪梨银耳瘦肉汤

材料

雪梨······················ 500 克
银耳······················ 20 克
猪瘦肉、红枣、盐各适量

做法

❶ 将雪梨去皮、洗净，切成块；猪瘦肉洗净，入开水中汆烫后捞出；银耳浸泡，去除根蒂硬部，撕成朵，洗净；红枣洗净。

❷ 瓦煲入水，煮沸后加入全部食材，大火煲开后转小火煲2个小时，加盐调味即可。

党参煮土豆

材料

党参······················ 15 克
土豆······················ 300 克
料酒······················ 10 毫升
生姜片、葱段、盐、味精、香油各适量

做法

❶ 将党参洗净，切段；土豆去皮、切片。

❷ 将党参、土豆、生姜片、葱段、料酒同时放入炖锅内，加水，置大火上烧沸。

❸ 再用小火烧煮35分钟，加入盐、味精、香油调味即成。

牛奶红枣粥

材料

红枣······················20 颗
大米······················ 100 克
牛奶······················ 150 毫升
黄糖······················ 适量

做法

1. 将大米、红枣一起洗净泡发。
2. 再将泡好的大米、红枣加入牛奶中一起煲45分钟。
3. 待煮成粥后，加入黄糖继续煮融即可。

养生功效

　　牛奶有调节胃酸、促进胃肠蠕动和消化腺分泌的作用，可以增强消化功能，增强钙、磷等元素在肠道里的吸收。

牛奶： 补益脾胃、生津润肠

沙参玉竹煲猪肺

材料

猪肺·····················　1个
猪月展·················· 180 克
沙参·····················　9 克
玉竹·····················　9 克
蜜枣、生姜、盐各适量

做法

❶ 用清水略冲净沙参、玉竹，沥干切段；猪
月展洗净，切成小块。

❷ 将猪月展汆水，猪肺洗净后切成大件。

❸ 把所有食材同放入汤煲中，加入适量清
水，煲至滚，改用中小火煲至汤浓，以适
量盐调味即可。

养生功效

　　此汤有养阴生津、润肺养颜、消燥开声的
作用，常食可以清燥热、润肺气。

玉米须蛤蜊汤

材料

玉米须····················· 15 克
淮山·····················60 克
蛤蜊····················· 200 克
红枣、生姜、盐各适量

做法

❶ 用清水静养蛤蜊1~2天，经常换水以漂去蛤
蜊体内的沙泥。

❷ 将玉米须、淮山、蛤蜊、生姜、红枣洗净。

❸ 将所有食材一起放入瓦锅内，加清水适
量，大火煮沸后，小火煮2个小时，加盐调
味即可。

养生功效

　　本汤可利水消肿、生津止渴。

霸王花猪肺汤

材料

霸王花（干品）………50 克
猪肺…………………… 750 克
猪瘦肉………………… 300 克
红枣…………………… 3 颗
南北杏………………… 10 克
生姜…………………… 2 片
盐……………………… 5 克

猪肺：补肺益气、防治咯血

做法

❶ 将霸王花浸泡1个小时，洗净；红枣洗净。

❷ 将猪肺注水、挤压，直至血水去尽，猪肺变白，切成块状；烧锅放入生姜片，将猪肺干爆5分钟左右。

❸ 将适量清水放入瓦煲内，煮沸后加入除盐外的所有材料，大火煲滚后，改用小火煲3个小时，加盐调味即可。

养生功效

　　霸王花可清热痰、除积热，猪肺有补肺、治咯血的作用。

参麦玉竹茶

材料

沙参⋯⋯⋯⋯⋯⋯ 10 克
麦冬⋯⋯⋯⋯⋯⋯ 10 克
玉竹⋯⋯⋯⋯⋯⋯ 10 克
白糖⋯⋯⋯⋯⋯⋯ 适量

做法

❶ 将沙参切段，同麦冬、玉竹一起放入锅中，加500毫升水以大火煮开。

❷ 转小火续煮20分钟，放入白糖调味，滤取汁饮用。

玉竹西洋参茶

材料

玉竹⋯⋯⋯⋯⋯⋯⋯20 克
西洋参⋯⋯⋯⋯⋯⋯ 3 片
蜂蜜⋯⋯⋯⋯⋯⋯ 15 毫升

做法

❶ 将玉竹与西洋参加入600毫升沸水冲泡30分钟。

❷ 滤渣，待温凉后加入蜂蜜，拌匀即可。

鹿茸枸杞子蒸虾

材料

大白虾⋯⋯⋯⋯⋯ 500 克
鹿茸⋯⋯⋯⋯⋯⋯ 10 克
枸杞子、米酒各适量

做法

❶ 将大白虾剪去须脚，自背部剪开，挑去肠泥，冲净、沥干；鹿茸以火柴烧去周边绒毛，并和枸杞子先以米酒浸泡20分钟。

❷ 虾盛盘，放入鹿茸、枸杞子和浸泡的米酒，蒸锅内，水煮沸后，将盘子移入蒸锅隔水蒸8分钟即成。

党参马蹄猪腰汤

材料

猪腰···················· 400 克
马蹄···················· 150 克
党参···················· 100 克
盐、食用油、料酒各适量

做法

① 将猪腰洗净，剖开，切去白脂膜，切片，用适量料酒、食用油、盐拌匀。

② 将马蹄洗净，党参洗净、切段。

③ 将马蹄、党参放入锅内，加适量清水，大火煮滚后，改小火煮30分钟，再加入猪腰，再滚10分钟，加盐调味即可。

养生功效

此汤具有温肾润燥、益气生津的功效。

西洋菜北杏瘦肉汤

材料

猪瘦肉···················· 250 克
北杏···················· 适量
西洋菜···················· 适量
盐···················· 5 克
鸡精···················· 3 克

做法

① 将猪瘦肉洗净、切件，放入沸水中汆去血污，捞出洗净；西洋菜、杏仁洗净。

② 锅中注水，烧沸后放入猪瘦肉、北杏、西洋菜，大火烧沸后以小火炖1.5个小时，调入盐、鸡精，稍炖即可。

养生功效

西洋菜可以清热解毒；北杏富含 B 族维生素，可抑制皮肤油脂分泌。常食本品对油性肌肤和长痘的肌肤有改善效果。

牡蛎瘦肉汤

材料

牡蛎肉·················· 250 克
猪瘦肉·················· 250 克
生姜····················· 2 片
白果····················· 50 克
葱花····················· 适量
盐······················· 8 克

白果： 收敛肺气、平定痰喘

做法

① 将牡蛎肉洗净，猪瘦肉洗净、切块，生姜洗净。

② 将牡蛎肉、猪瘦肉、生姜片一齐放入清水锅内，大火煮滚后，改小火煲约半个小时至肉熟。

③ 放入葱花，加盐调味即可。

养生功效

此汤具有滋养肝肾、养血宁心之功效。

首乌核桃仁粥

材料

何首乌·················· 10 克
核桃仁·················· 50 克
大米、盐各适量

做法

1. 将何首乌冲净，加5碗水熬高汤，以大火煮开，转小火煮15分钟，去渣留汁。
2. 将大米淘净，加入煮好的何首乌汁煮至大米开花。
3. 再加入核桃仁、盐调味即成。

淮山枸杞子莲子汤

材料

淮山·················· 200 克
莲子·················· 100 克
枸杞子、白糖各适量

做法

1. 将淮山去皮，切成滚刀块，莲子去莲心后与枸杞子一起泡发。
2. 锅中加水烧开，下入淮山块、莲子、枸杞子，用大火炖30分钟。
3. 待熟后，调入白糖，煲入味即可。

苹果雪梨瘦肉汤

材料

猪瘦肉·················· 300 克
苹果··················· 1 个
雪梨··················· 1 个
板栗、南杏仁、盐各适量

做法

1. 将猪瘦肉洗净、切件，入沸水氽烫，去除血污；苹果、雪梨洗净、切块；板栗去壳；南杏仁洗净。
2. 将猪瘦肉、苹果、雪梨、板栗、南杏仁、清水放入锅中，炖熟后调入盐即可。

白术芡实煲猪肚

材料

猪肚………………… 250 克
芡实………………… 30 克
莲子………………… 30 克
白术………………… 15 克
红枣、生姜、淀粉、盐各适量

芡实： 补肾固精、安胎养神

做法

1. 将猪肚洗净，加盐、淀粉反复涂擦后清洗干净；芡实、白术分别洗净；莲子洗净、去心；红枣洗净、去核。
2. 煲内注入清水，放入猪肚、芡实、莲子、红枣、白术、生姜，大火煮开后改小火煲2个小时。
3. 加盐调味即可。

养生功效

　　白术、猪肚均有健脾益气、安胎的功效；芡实、莲子能补肾固精，也有一定的安胎作用；红枣可补益气血。以上材料配伍同食，对脾胃气虚引起的胎动不安有较好的食疗效果。

南杏白萝卜炖猪肺

材料

猪肺……………… 250 克
上汤……………… 1 碗半
南杏、白萝卜、花菇、生姜、盐各适量

做法

❶ 将猪肺冲洗干净，切成大件；南杏、花菇浸透洗净；白萝卜洗净，带皮切成中块。

❷ 将以上用料连同上汤倒进炖盅，盖上盅盖，隔水炖之，先用大火炖30分钟，再用中火炖50分钟，后用小火炖1个小时即可。

❸ 炖好后，用盐调味即可。

养生功效

　　此品具有清热化痰、止咳平喘的功效。适宜肺虚咳嗽者、咯血者食用。

葡萄当归煲猪血

材料

葡萄………………… 150 克
当归………………… 15 克
党参、阿胶、猪血块、料酒、
葱花、生姜末、盐各适量

做法

❶ 将葡萄洗净、去皮；当归、党参洗净，切成片，放入纱布袋中，扎口，待用。

❷ 将猪血块洗净，入沸水锅汆透，取出，切方块，与药袋同放砂锅，加水适量，大火煮沸，烹入料酒，改用小火煨煮30分钟，取出药袋，加葡萄，继续煨煮。

❸ 入阿胶，溶化后加葱花、生姜末、盐拌匀即成。

养生功效

　　此品有补气益脾、养血补血等功效。

PART 4

四季养颜篇

　　春夏秋冬，四季轮回，周而复始，但容颜没有四季轮回，所以美容养颜要顺应天时，随着时令的更迭而改变。春天，是皮肤护理的最佳季节，因此要懂得好好呵护；夏日对抗紫外线，给皮肤做好防晒工作；秋冬防燥热、补气血，多食用滋阴固肾的食物并注意补水，才能保持青春。

双枣莲藕炖排骨

材料

莲藕······················· 2 节
排骨······················· 250 克
红枣······················· 10 颗
黑枣······················· 10 颗
盐························· 5 克

黑枣：补益脾胃、益气生津

做法

❶ 将排骨汆烫，去浮沫，捞起冲净。

❷ 将莲藕削皮、洗净，切成块；红枣、黑枣洗净备用。

❸ 将所有食材放入锅内，加1800毫升水煮沸后转小火炖煮约40分钟，加盐调味即可。

养生功效

　　红、黑两枣能补脾胃、益气生津，还能增强血管韧性，提高肌耐力，保护肝脏。

党参黑豆煲瘦肉

材料

党参·····················15 克
黑豆·····················50 克
猪瘦肉·····················300 克
生姜、葱、料酒、盐、淀粉各适量

做法

❶ 将党参润透，切成段；黑豆洗净、泡发；猪瘦肉切成片。

❷ 将猪瘦肉片用盐、淀粉腌5分钟，至入味。

❸ 将党参、黑豆、猪瘦肉、料酒、生姜、葱同放入炖锅加水烧沸，再用小火炖煮45分钟，加入盐即成。

养生功效

　　此汤有补血养颜之功效，是春季养生佳品。

猪肝炖双五

材料

猪肝·····················180 克
五味子·····················15 克
五加皮·····················15 克
红枣·····················2 颗
生姜、盐、鸡精各适量

做法

❶ 将猪肝洗净、切片，五味子、五加皮、红枣洗净，生姜去皮、洗净、切片。

❷ 锅中注水烧沸，入猪肝汆去血沫。

❸ 炖盅装水，放入猪肝、五味子、五加皮、红枣、生姜片炖3个小时，调入盐、鸡精后即可。

养生功效

　　此汤有舒筋通络、养血补血、养肝明目的作用，为春日养生汤饮。

丝瓜猪肝汤

材料
丝瓜⋯⋯⋯⋯⋯⋯ 300 克
猪肝⋯⋯⋯⋯⋯⋯ 100 克
生姜、料酒、淀粉、盐、食用油各适量

做法
❶ 将丝瓜削去皮，洗净、切块；生姜洗净、
　切片。
❷ 将猪肝切片，浸泡5分钟，洗净，沥干水
　分，加适量料酒、淀粉拌匀，腌5分钟。
❸ 起油锅，下生姜片、丝瓜略爆，加清水，
　煮开后放入猪肝煮至熟，加盐调味即可。

凉拌淮山火龙果

材料
淮山⋯⋯⋯⋯⋯⋯ 100 克
火龙果⋯⋯⋯⋯⋯ 100 克
蒜泥⋯⋯⋯⋯⋯⋯20 克
柿子椒、芝麻酱、白糖、盐各适量

做法
❶ 将淮山洗净，削皮切丝，氽烫；火龙果去
　皮，切块；柿子椒切片、氽水。
❷ 将芝麻酱、白糖、盐、蒜泥拌匀，加所有
　食材一起拌匀，入冰箱腌渍10分钟即可。

猪血豆腐

材料
豆腐⋯⋯⋯⋯⋯⋯ 150 克
猪血⋯⋯⋯⋯⋯⋯ 150 克
红辣椒片⋯⋯⋯⋯⋯30 克
葱段、生姜片、盐、食用油各适量

做法
❶ 将豆腐、猪血洗净，切成小块，入沸水氽
　烫，捞出沥干水分。
❷ 将葱段、生姜片、红辣椒片入油锅爆香。
❸ 下入猪血、豆腐稍炒，加入清水焖熟，加
　盐调味即可。

霸王花猪骨汤

材料

猪骨····················· 150 克
盐······················· 3 克
生姜片··················· 4 克
霸王花、红枣、杏仁各适量

做法

❶ 将霸王花泡发、洗净，红枣、杏仁均洗净，猪骨洗净、斩件。

❷ 锅入水烧沸，下猪骨滚尽血水，捞出，洗净备用。

❸ 将猪骨、红枣、杏仁、生姜片放入瓦煲，注入适量清水，大火烧开，下入霸王花，改小火煲1.5个小时，加盐调味即可。

养生功效

本品可清热滋阴、美容养颜、止咳化痰，适合秋季食用。

枸杞子牛蛙汤

材料

牛蛙····················· 2 只
生姜····················· 少许
枸杞子··················· 10 克
盐······················· 适量

做法

❶ 将牛蛙洗净、剁块，氽烫后捞出备用。

❷ 生姜洗净、切丝，枸杞子以清水泡软。

❸ 锅中加1500毫升水煮沸，放入牛蛙、枸杞子、生姜，煮滚后转中火续煮2～3分钟，待牛蛙肉熟嫩，加盐调味即可。

养生功效

牛蛙所含维生素 E 和锌、硒等微量元素，能延缓机体衰老、润泽肌肤、防癌抗癌，与枸杞子一起煲汤食用，具有滋阴补虚、健脾益血的功效，适宜夏秋季节食用。

雪梨木瓜猪肺汤

材料
雪梨……………… 250 克
木瓜……………… 500 克
猪肺……………… 750 克
银耳、生姜、盐各适量

雪梨：滋阴润肺、化痰止咳

做法
① 将雪梨去核、洗净，切成块；银耳泡发，撕成朵；木瓜去皮、核，洗净，切成块。
② 将猪肺注水，挤压去血水，洗净切块，汆水，放入烧锅，加生姜，干爆5分钟。
③ 瓦煲入水，煮沸后加入以上用料，大火煲开后转小火煲3个小时，加盐调味即可。

养生功效
　　本品具有滋阴润肺、美容养颜之功效。

莲子红枣糯米粥

材料

糯米·····················　150 克
红枣·····················　10 颗
莲子、冰糖各适量

做法

❶ 将糯米洗净，加水后以大火煮开，再转小火慢煮20分钟。

❷ 将红枣泡软，莲子冲净，加入煮开的糯米中续煮20分钟。

❸ 待莲子熟，米粒开花，加冰糖调味即可。

蜂蜜胡萝卜

材料

胡萝卜·····················　2 根
蜂蜜·····················　适量

做法

❶ 将胡萝卜洗净，切成小方块，放入沸水中烫熟后，捞出。

❷ 再将胡萝卜放入砂煲中煲10分钟，待温凉后加入蜂蜜即可。

椰子肉银耳煲乳鸽

材料

乳鸽·····················　1 只
银耳·····················　10 克
椰子肉·····················　100 克
红枣、枸杞子、盐各适量

做法

❶ 将乳鸽处理干净，氽烫；银耳泡发、洗净；红枣、枸杞子均洗净，浸水10分钟。

❷ 将乳鸽、红枣、枸杞子放入炖盅，注水后以大火煲沸，放入椰子肉、银耳，小火煲煮2个小时，加盐调味即可。

甘蔗胡萝卜猪骨汤

材料
甘蔗······················ 100 克
胡萝卜······················50 克
猪骨······················ 150 克
盐、白糖各适量

做法
❶ 将猪骨洗净、斩件；胡萝卜洗净，切小块；甘蔗去皮、洗净，切成小段。
❷ 净锅上水烧沸，放入猪骨汆去血水，取出洗净。
❸ 将猪骨、胡萝卜、甘蔗下入炖盅，注入清水，大火烧沸后改为小火煲煮2个小时，加盐、白糖调味即可。

养生功效
　　甘蔗性温滋补，与胡萝卜、猪骨同煮能起到温润解燥的作用。

红毛丹银耳

材料
西瓜······················20 克
红毛丹······················60 克
银耳······················ 5 克
冰糖······················ 5 克

做法
❶ 将银耳泡发，去除蒂头，切小块，放入沸水中汆烫，捞起沥干。
❷ 将西瓜去皮，切块；红毛丹去皮、去籽。
❸ 将冰糖和适量水熬成汤汁，待凉。
❹ 将西瓜、红毛丹、银耳、冰糖水放入碗中，拌匀即可。

养生功效
　　长期食用此品可润肤养颜、清热解毒，增强人体免疫力。

红枣薏米粥

材料

薏米·····················50 克

糯米·····················50 克

红枣·····················10 颗

冰糖·····················适量

薏米： 利尿消肿、清热解毒

做法

❶ 将薏米用凉水洗净，浸泡2～4个小时，把薏米下锅煮开去掉泡沫，然后放入洗净的糯米煮开。

❷ 把煮开的米转入电饭煲，放入红枣保温焖40分钟。

❸ 放入冰糖煮开，断开电源，盖上盖子闷10分钟即可。

养生功效

　　此品能补虚、补血、健脾暖胃、止汗，适用于脾胃虚寒所致的食欲不振、泄泻和气虚引起的气短无力等症。

生姜肉桂炖猪肚

材料

猪肚······················ 150 克
猪瘦肉····················50 克
生姜······················ 15 克
肉桂、薏米、盐各适量

做法

❶ 将猪肚里外反复洗净，氽水后切成长条；
猪瘦肉洗净后切成块。

❷ 将生姜去皮、洗净，用刀将生姜拍烂；肉
桂浸透洗净，刮去粗皮；薏米淘洗干净。

❸ 将以上用料放入炖盅，加清水适量，隔水
炖2个小时，调入盐即可。

养生功效

　　本品可促进血液循环，强化胃功能，还能
散寒湿，有效预防冻疮、肩周炎等冬季多发病。

洋参炖乳鸽

材料

乳鸽······················ 1 只
西洋参片·················40 克
淮山······················50 克
红枣、生姜、盐各适量

做法

❶ 将西洋参片略洗；淮山洗净，加清水浸30
分钟，切片；红枣洗净；乳鸽去毛和内
脏，切块；生姜洗净切片。

❷ 把以上食材放入炖盅内，加适量沸水，盖
好，隔水小火炖3个小时。

❸ 加盐调味即可。

养生功效

　　此汤有补气养阴、清火生津的作用，还可
缓解冬季过食羊肉、狗肉造成的口干咽燥等阴
虚燥热症状。

牛蛙粥

材料

牛蛙	2 只
大米	50 克
葱	15 克
生姜	10 克
盐	5 克
味精	2 克
料酒	8 毫升

大米：补中益气、健脾养胃

做法

❶ 将牛蛙宰杀去皮，洗净切块，用盐、料酒腌渍入味；大米洗净；葱择洗干净切花；生姜切丝备用。

❷ 锅中注适量水烧开，放入大米，煮至米粒软烂。

❸ 加入牛蛙块、生姜丝、葱花，调入盐、味精煮至入味即可。

养生功效

　　牛蛙可补虚羸，利水，适用于秋冬季节女性皮肤干燥、头发干枯等症。

党参麦冬瘦肉汤

材料

猪瘦肉	300 克
党参	15 克
麦冬	10 克
淮山	适量
盐	4 克
鸡精	3 克
生姜	适量

做法

❶ 将猪瘦肉洗净、切块；党参、麦冬分别洗净；淮山、生姜洗净、去皮、切片。

❷ 将猪瘦肉汆去血污，洗净后沥干。

❸ 锅入水，烧沸，放入猪瘦肉、党参、麦冬、淮山、生姜，用大火炖，待淮山变软后改小火炖熟，加入盐和鸡精调味即可。

养生功效

本品可益气滋阴、健脾和胃，还能缓解秋燥，是滋补佳品。

淮山： 健脾胃、益肺肾

菊花羊肝汤

材料

鲜羊肝·················· 200 克

干菊花·················· 50 克

鸡蛋····················· 1 个

生姜、淀粉、食用油、味精、盐、料酒、香油各适量

做法

❶ 将鲜羊肝切成片，干菊花洗净；鸡蛋去黄留清，同淀粉调成蛋清糊。

❷ 将鲜羊肝片入沸水中稍汆一下，捞出沥干水分，用盐、料酒、蛋清糊浆好。

❸ 锅入食用油烧热，注入水，加入鲜羊肝片、盐、干菊花稍煮，加味精煮沸后，淋入香油即可。

养生功效

　　本品可清肝泻火、明目，对秋季眼睛干涩、红肿疼痛者有很好的食疗效果。

鲜莲子红枣炖水鸭

材料

鲜莲子·················· 200 克

水鸭····················· 1 只

生姜、红枣、盐各适量

做法

❶ 将鲜莲子、红枣、生姜分别洗净，鲜莲子去莲心；红枣去核；生姜刮皮，切片备用。

❷ 将水鸭宰洗干净，去内脏，放入沸水中煮数分钟，捞起沥干水分，斩大件。

❸ 将全部食材放入锅内，注入适量清水，炖3个小时，以少许盐调味即可。

养生功效

　　本品可清热泻火、益气补虚，对秋燥口舌生疮、皮肤干燥、咽干咽痛者有很好的效果。

四宝炖乳鸽

材料

乳鸽······ 1 只

淮山······ 130 克

白果、香菇、枸杞子、清汤、盐、
葱段、生姜片、料酒各适量

做法

❶ 将乳鸽去毛、脚、翼尖，剁成块；淮山切
成滚刀块，与乳鸽块同汆水；香菇泡发。

❷ 清汤入锅中，放入白果、淮山、香菇、枸
杞子、乳鸽、葱段、生姜片、料酒、盐，
入笼中蒸约2个小时，去葱、生姜即成。

百合白果鸽子煲

材料

鸽子······ 1 只

水发百合······30 克

白果······ 10 颗

盐、葱段各适量

做法

❶ 将鸽子洗干净，斩块，汆水；水发百合洗
净；白果洗净备用。

❷ 净锅上火倒入水，下入鸽子、水发百合、
白果煲至熟，加盐、葱段调味即可。

莲子干贝烩冬瓜

材料

水发莲子······30 克

冬瓜······ 200 克

干贝······50 克

扁豆、盐、香油、水淀粉各适量

做法

❶ 水发莲子蒸熟；冬瓜去皮、去籽，切片；
扁豆去头尾洗净，汆熟盛盘。

❷ 锅内入清水，放干贝和莲子煮沸，放入冬瓜
片稍煮，盖上锅盖续煮5分钟，加盐、香油
拌匀，用水淀粉勾芡，捞出装入盘中即可。

杏仁白菜猪肺汤

材料

白菜……………………	50 克
杏仁……………………	20 克
猪肺……………………	750 克
黑枣……………………	5 颗
生姜……………………	2 片
盐……………………	5 克

杏仁： 止咳平喘、润肠通便

做法

❶ 将杏仁去壳，黑枣、白菜洗净。

❷ 将猪肺注水，挤压直到血水去尽、猪肺变白，切成块状，汆水，烧锅放姜，将猪肺爆炒5分钟左右。

❸ 将2000毫升清水放入瓦煲内，再放入备好的所有材料，大火煲开后改用小火煲3个小时，加盐调味即可。

养生功效

　　杏仁可敛肺止咳，猪肺补益肺气，常食本品可防秋燥。

腰果鸡丁

材料
腰果·················· 200 克
鸡肉·················· 150 克
红辣椒················· 1 个
葱、食用油、盐、味精各适量

做法
❶ 将鸡肉洗净，切成丁状；红辣椒洗净切成丁；葱切成小段。
❷ 锅中加食用油烧热，下入腰果炸至香脆。
❸ 原锅内加入红辣椒丁、葱段和鸡肉丁炒熟后，调入盐、味精即可。

养生功效
　　腰果可补肾益精、益智补脑，鸡肉可补气健脾，红辣椒可暖胃散寒。

佛手瓜银耳煲猪腰

材料
佛手瓜················· 100 克
银耳·················40 克
猪腰·················· 120 克
盐、鸡精、生姜各适量

做法
❶ 将猪腰洗净、去筋、切块；佛手瓜洗净、切块；银耳泡发、洗净，去除黄色杂质，撕小块；生姜洗净、切片。
❷ 锅中注水烧沸后放入猪腰，汆熟捞出。
❸ 瓦煲内入清水，放入所有备好的食材，小火煲煮2个小时，调入盐、鸡精即可。

养生功效
　　本品可补肾润肺、滋阴润燥、美容养颜，适合秋季食用。

淮山炖鸡

材料

淮山························· 250 克

胡萝卜······················ 适量

鸡腿························ 适量

盐························· 适量

胡萝卜： 温中益气、健脾利胃

做法

❶ 将淮山削皮、冲净、切块；胡萝卜削皮、冲净、切块；鸡腿剁块，放入沸水汆烫，捞起，冲净。

❷ 将鸡腿、胡萝卜先下锅，加水至盖过材料，以大火煮开后转小火慢炖15分钟。

❸ 续下淮山转大火煮沸，转小火续煮10分钟，加盐调味即可。

养生功效

淮山药食两用，性平，可补肺、脾、肾三脏，和胡萝卜、鸡腿一起食用，补而不燥，适合秋季食用。

虾籽大乌参

材料

大乌参（水发）、炒肉卤、干虾籽、淀粉、料酒、葱段、肉清汤、食用油各适量

做法

① 炒锅置火上，放油烧热，放葱段炸香，即成葱油；将大乌参皮放在漏勺里，浸入油锅，炸到爆裂声减弱微小时，捞出沥油。

② 把锅内热油倒出，锅内留余油5克，放入大乌参，再加入料酒、干虾籽、炒肉卤、肉清汤烧开，淀粉勾芡，撒入葱段，浇在大乌参上挂满即成。

茸杞红枣鹌鹑汤

材料

鹿茸·····················25 克
枸杞子·····················30 克
红枣、鹌鹑、盐各适量

做法

① 将鹿茸、枸杞子洗净。

② 将红枣浸软，洗净，去核。

③ 将鹌鹑宰杀，去毛、内脏，斩大件，氽水；将全部食材放入炖盅内，加适量清水，隔水炖2个小时，加盐调味即可。

玉竹煮猪心

材料

猪心·····················500 克
玉竹·····················10 克
生姜片、盐、卤汁、白糖各适量

做法

① 将玉竹洗净，切成节，泡发；猪心剖开洗净，与生姜片同置锅内，中火煮到猪心六成熟时捞出。

② 猪心、玉竹放在卤汁锅内，煮熟捞起。猪心切片与玉竹装碗，锅入卤汁、盐、白糖加热成浓汁，淋在猪心上即可。

核桃仁拌韭菜

材料

核桃仁·················· 300 克
韭菜····················· 150 克
白糖····················· 适量
醋······················· 适量
盐······················· 适量
食用油··················· 适量
香油····················· 适量

做法

❶ 将核桃仁用开水泡胀，剥去皮，用清水洗净沥干水分；韭菜用温开水洗净，切成3厘米长的段备用。

❷ 起油锅，下入核桃仁炸成浅黄色后捞出。

❸ 在另一只碗中放入韭菜、醋、盐、香油、白糖，拌入味，和核桃仁一起装盘即成。

养生功效

　　韭菜可通便润肠，还能暖脾胃，是冬季常食的蔬菜；核桃可补肾益气。

韭菜： 通便润肠、暖脾胃

核桃仁枸杞子蒸糕

材料
核桃仁……………………50 克
枸杞子…………………… 5 克
糯米粉…………………… 3 杯
白糖………………………10 克

枸杞子： 养肝滋肾、润肺补虚

做法
❶ 将核桃仁切成小块。
❷ 将糯米粉加适量水拌匀，加白糖调味。
❸ 锅中加水煮开，将加了白糖的糯米粉移入锅中蒸约10分钟，将核桃仁、枸杞子撒在糕面上，继续蒸10分钟至熟即可。

养生功效
　　核桃可补肾益气，枸杞子可滋阴补肝肾，糯米可健脾胃，三者合用可改善脾胃功能，缓解皮肤干燥症状。

白果煲猪肚

材料
猪肚···················· 300 克
白果···················· 30 克
葱······················· 15 克
生姜片·················· 10 克
高汤、盐、料酒、淀粉各适量

做法
❶ 将猪肚用盐和淀粉抓洗干净，重复2～3次后冲洗干净，切条；葱切段。
❷ 将猪肚和白果放入锅中，加入适量水煮20分钟至熟，捞出沥干水分。
❸ 将猪肚、白果、葱段、生姜片一同放入瓦罐内，加入高汤及料酒，小火烧煮至猪肚软烂时，加入盐调味即可。

养生功效
　　白果可敛肺止咳，猪肚可补脾胃，因此本品是冬季调养的一道佳肴。

冬瓜薏米猪腰汤

材料
猪腰···················· 150 克
冬瓜···················· 60 克
薏米···················· 50 克
香菇、盐各适量

做法
❶ 将猪腰洗净、切开，除去筋膜；薏米浸泡、洗净；香菇洗净、泡发、去蒂；冬瓜去皮、籽，洗净切大块。
❷ 锅中注水烧沸，放入猪腰汆水，去除血沫，捞出切块。
❸ 将适量清水放入瓦煲内，大火煲滚后加入所有备好的食材，改用小火煲2个小时，加盐调味即可。

养生功效
　　冬瓜利尿，猪腰补肾，薏米祛湿，本品适合肾虚尿少者食用。

海马龙骨汤

材料

龙骨·······················250 克
海马·························2 只
胡萝卜····················100 克
盐、味精各适量

做法

❶ 将龙骨斩块，洗净，氽去血水；胡萝卜洗净，切成块。

❷ 将海马、龙骨、胡萝卜一起放入炖盅中，加入开水适量，隔水炖蒸2个小时。

❸ 最后加盐、味精调味即可。

养生功效

　　海马具有调气活血的功效，此汤适宜冬天食用，可调理卵巢功能，改善性冷淡。

燕窝粥

材料

泡发的燕窝··············· 2 克
大米······················50 克
盐························· 1 克
味精······················ 2 克
葱、生姜、香菜各适量

做法

❶ 将葱择洗净切花，生姜去皮切丝，香菜洗净切末，大米淘洗净。

❷ 砂锅中注水烧开，放入大米煮至成粥。

❸ 加入其他所有材料煮至熟，调入盐、味精煮入味即可。

养生功效

　　燕窝是驰名中外的高级滋补品，可激活人体细胞，加速新陈代谢，从内而外改善身体状况，令人精神焕发，延缓衰老。

木瓜冰糖炖燕窝

材料

木瓜·····················　2个
燕窝·····················20克
冰糖·····················　适量

做法

❶ 将木瓜洗净、去皮、去籽；燕窝用水发好备用。

❷ 锅中水烧开，木瓜、燕窝一起入锅，用小火隔水蒸30分钟。

❸ 调入冰糖即可。

养生功效

　　燕窝可滋阴养血、益气补虚，木瓜可美容养颜。两者合用对冬季保养有很好的食疗效果。女性常食，对皮肤有很好的滋润效果。

木瓜： 消暑解渴、润肺止咳

党参枸杞子红枣汤

材料

党参······················20 克

红枣······················12 克

枸杞子····················12 克

党参： 补益脾胃、养血补气

做法

❶ 将党参洗净，切成段。

❷ 将红枣、枸杞子放入清水中浸泡5分钟后捞出备用。

❸ 所有材料放入砂锅中，冲入适量开水，煮约15分钟即可。

养生功效

　　本品可益气养血、滋阴补肝肾，还可抑制细胞老化，能有效防衰抗老。

大芥菜紫薯汤

材料

白花蛇舌草⋯⋯⋯⋯⋯⋯ 10 克
大芥菜⋯⋯⋯⋯⋯⋯⋯ 450 克
紫薯⋯⋯⋯⋯⋯⋯⋯⋯ 500 克
食用油⋯⋯⋯⋯⋯⋯⋯ 5 毫升
盐⋯⋯⋯⋯⋯⋯⋯⋯⋯⋯ 3 克
生姜片⋯⋯⋯⋯⋯⋯⋯ 适量

紫薯： 下气补虚、健脾开胃

做法

❶ 将大芥菜洗净、切段；白花蛇舌草洗净，备用；紫薯去皮、洗净，切成块状。

❷ 烧锅，加入食用油、生姜片、紫薯爆炒5分钟，加入1000毫升沸水。

❸ 煮沸后加入大芥菜、白花蛇舌草，煲滚20分钟，加盐调味即可。

养生功效

　　白花蛇舌草、大芥菜均有清热、利湿、解毒、杀菌的功效，能消炎抗感染，抑制细菌生长，春、秋、冬季节天气干燥，容易被病毒感染，可适当饮用此汤以作预防。

银耳猪骨汤

材料

猪脊骨……………………	750 克
水发银耳…………………	50 克
木瓜……………………	1 个
红枣……………………	10 颗
盐……………………	8 克

猪脊骨：壮腰膝、益力气

做法

❶ 将猪脊骨洗净、斩件；木瓜去皮、核，洗净切块；银耳洗净，摘小朵；红枣洗净。

❷ 把猪脊骨、木瓜、红枣放入清水锅内，大火煮滚后改小火煲1个小时，放入银耳，再煲1个小时，最后加盐调味供用。

养生功效

　　本品富含多种维生素，可滋润肌肤、美容养颜，有利于女性在冬季保养肝肾及卵巢。

豌豆鲤鱼羹

材料
豌豆·····················20 克
鲤鱼·····················50 克
大米·····················80 克
盐、生姜丝、枸杞子、料酒各适量

做法
❶ 将大米、豌豆均洗净，浸泡；鲤鱼处理干净，切小块，用料酒去腥。
❷ 锅中放入大米，加适量清水煮至五成熟。
❸ 放入鲤鱼、豌豆、生姜丝、枸杞子煮至浓稠，加盐调匀即可。

养生功效
　　豌豆味甘、性平，归脾、胃经，具有益中气、止泻痢、调营卫、利小便之功效，与鲤鱼同食，适宜秋冬季节食用。

鲮鱼白菜羹

材料
鲮鱼·····················50 克
白菜·····················20 克
大米·····················80 克
盐、料酒、葱花、枸杞子、
香油各适量

做法
❶ 将大米洗净后浸泡；鲮鱼处理干净，切小块，用料酒腌渍；白菜洗净，撕小块。
❷ 锅置火上，放入大米，加水煮至五成熟。
❸ 入鲮鱼肉、枸杞子煮至粥将成，入白菜稍煮，加盐、香油调匀，撒葱花即可。

养生功效
　　鲮鱼味甘、性平、无毒，入肝、肾、脾、胃四经，有益气血、健筋骨、通小便之功效，与白菜同食，具有辅助治疗小便不利、热淋、膀胱结热、脾胃虚弱等症，适宜春夏两季食用。

127

桂圆淮山红枣汤

材料

桂圆肉	100 克
淮山	150 克
红枣	6 颗
冰糖	适量

冰糖： 养阴生津、润肺止咳

做法

❶ 将淮山削皮、洗净、切块；红枣洗净；煮锅内加适量水煮开，加入淮山块煮沸，再下红枣。

❷ 待淮山熟透、红枣松软，加入桂圆肉，待桂圆的香甜味渗入汤中即可熄火，加冰糖提味即可。

养生功效

　　红枣、桂圆具有补心脾、益气血、健脾胃、养肌肉之效；淮山则补脾养胃，生津益肺，补肾涩精。三者熬汤适宜思虑伤脾、头昏、失眠、心悸怔忡、病后或产后体虚者食用，尤宜冬季滋补食疗。

南北杏煲排骨

材料

排骨······················ 200 克
南杏······················ 10 颗
北杏······················ 10 颗
无花果、盐、鸡精各适量

做法

❶ 将排骨洗净，斩块，入沸水中氽去血渍，捞出洗净；南杏、北杏、无花果均洗净。

❷ 砂煲内注上适量清水烧开，放入排骨、南杏、北杏、无花果，用大火煲沸后改小火煲2个小时，加盐、鸡精调味即可。

甘草金银花茶

材料

金银花·····················30 克
甘草······················ 3 克
蒜························20 克
白糖······················ 适量

做法

❶ 将蒜去皮，洗净捣烂。

❷ 将金银花、甘草洗净，一起放入锅中，加600毫升水，用大火煮沸即可关火。

❸ 最后调入白糖即可。

蒜蓉马齿苋

材料

马齿苋···················· 200 克
蒜························ 10 克
盐、味精、香油、食用油各适量

做法

❶ 将马齿苋洗净；蒜洗净去皮，剁成蓉。

❷ 将洗干净的马齿苋下入沸水中稍氽，捞出沥干水分，备用。

❸ 锅中加食用油烧至九成热时，下入蒜蓉爆香，再下入马齿苋快速翻炒，出锅时，加盐、味精炒匀，再淋上适量香油即可。

川贝鹌鹑汤

材料

鹌鹑肉……………… 200 克
川贝………………… 12 克
盐…………………… 3 克
生姜片……………… 3 克

做法

① 将鹌鹑肉洗净、斩块、氽水；川贝洗净，敲碎备用。

② 净锅上火，倒入水，下入生姜片、鹌鹑肉、川贝煲至熟，加盐调味即可。

养生功效

川贝可润肺止咳、化痰平喘，鹌鹑有消肿利水、补中益气的作用。此汤具有滋阴、化痰、润肺之功效，尤宜春、秋季节食用。

马蹄腐竹猪肚汤

材料

猪肚………………… 1 个
马蹄………………… 300 克
腐竹………………… 3 片
生姜、胡椒粉、盐各适量

做法

① 将猪肚洗净，放入大碗中，加入适量盐，抓匀腌10分钟，取出，放入开水中氽烫5分钟捞出，翻面洗净。

② 将马蹄去皮、洗净；腐竹泡温水20分钟，洗净备用。

③ 锅内倒入4000毫升水，以大火煮开，加入所有食材，转用中火煲2个小时，捞出猪肚，切成长块，放入再煲3分钟，加盐调味即可。

养生功效

此品有清热润肺、止咳消痰的功效。

PART 5

防病祛病篇

毒素堆积不仅仅体现在肌肤干燥黯淡无光、色斑或者便秘上，还会引发一系列妇科疾病，还有一系列的疑难杂症，这需要我们对症排毒。导致妇科疾病的病因有很多，只有全面、科学地把好关，才能真正达到养生目的。

雪莲金银花煲瘦肉

材料

猪瘦肉·················· 300 克
天山雪莲·················· 10 克
金银花·················· 10 克
干贝、淮山、盐、鸡精各适量

做法

❶ 将猪瘦肉洗净、切块，天山雪莲、金银花、干贝洗净，淮山洗净、去皮、切块。

❷ 将猪瘦肉放入沸水过水，取出洗净。

❸ 将猪瘦肉、天山雪莲、金银花、干贝、淮山放入锅中，加入清水用小火炖2个小时，放入盐和鸡精即可。

养生功效

　　金银花具有清热解毒的功效，可用于辅助治疗炎性乳腺癌，对中晚期皮肤出现溃烂、红肿、水肿等有一定的缓解作用；干贝能滋阴散结；淮山益气补虚；天山雪莲可补虚抗癌。

生地绿豆猪大肠汤

材料

猪大肠·················· 100 克
绿豆·················· 50 克
生地、陈皮、生姜、盐各适量

做法

❶ 将猪大肠切段后洗净；绿豆洗净，入水浸泡10分钟；生地、陈皮、生姜均洗净。

❷ 锅入水烧开，入猪大肠煮透，捞出。

❸ 将猪大肠、生地、绿豆、陈皮、生姜放入炖盅，注入清水，以大火烧开，改用小火煲2个小时，加盐调味即可。

养生功效

　　生地可清热凉血、养阴生津；陈皮可行气消胀、除郁结；绿豆可清热解毒；猪大肠可清热解毒、止血排脓。四者同用，对炎性乳腺癌有一定的食疗效果。

螺肉煲西葫芦

材料
螺肉⋯⋯⋯⋯⋯⋯ 200 克
西葫芦⋯⋯⋯⋯⋯⋯ 250 克
香附、丹参、高汤、盐各适量

做法
❶ 将螺肉用盐反复搓洗干净；西葫芦洗净，切方块备用；香附、丹参洗净，煎取药汁，去渣备用。
❷ 净锅上火倒入高汤，下入西葫芦、螺肉，大火煮开，转小火煲至熟，最后倒入药汁，煮沸后调入盐即可。

养生功效
　　螺肉具有清热解毒、利尿消肿等功效；西葫芦可清热利水；丹参可凉血活血；香附行气疏肝、活血化淤。四者合用，对乳房肿块、乳房溃烂的炎性乳腺癌有一定的食疗效果。

土茯苓鳝鱼汤

材料
鳝鱼⋯⋯⋯⋯⋯⋯ 100 克
蘑菇⋯⋯⋯⋯⋯⋯ 100 克
当归⋯⋯⋯⋯⋯⋯ 8 克
土茯苓、赤芍、盐、料酒各适量

做法
❶ 将鳝鱼洗净，切小段；蘑菇洗净，撕成小朵；当归、土茯苓、赤芍洗净备用。
❷ 将当归、土茯苓、赤芍先放入锅中，以大火煮沸后转小火续煮20分钟。
❸ 再下入鳝鱼煮5分钟，最后下入蘑菇炖煮3分钟，加盐、料酒调味即可。

养生功效
　　土茯苓具有除湿解毒、消肿敛疮的功效，赤芍清热凉血、散淤止痛，当归活血化淤，蘑菇可益气补虚、防癌抗癌，鳝鱼通络散结。以上几味搭配同食，可辅助治疗乳腺癌。

竹叶茅根茶

材料

竹叶····················· 15克

白茅根··················· 15克

白糖····················· 适量

竹叶：清热解毒、防癌抗癌

做法

❶ 将竹叶、白茅根洗净备用。

❷ 将鲜竹叶、白茅根放入锅中，加600毫升水，煮开后转小火煮10分钟，滤渣即可饮用。可按个人喜好加入白糖调味。

养生功效

　　竹叶有清热除烦、生津利尿、促进睡眠等功效，白茅根可清热利尿、凉血止血，二者配伍，对小肠热盛引起的尿痛、尿急、尿频、尿黄或血尿均有较好的疗效，还能有助于缓解牙痛、口腔溃疡等症。

甲鱼红枣粥

材料

大米·························· 100 克
甲鱼肉····················· 300 克
红枣·························· 10 颗
玄参、盐、料酒、葱花、生姜末、
食用油、鲜汤各适量

做法

❶ 将大米淘净，甲鱼肉收拾干净，剁小块；玄参、红枣洗净。

❷ 锅入食用油烧热，入甲鱼肉翻炒，调入料酒，加盐炒熟后盛出。

❸ 锅置火上入水，兑入鲜汤，放入大米煮至五成熟；放入甲鱼肉、玄参、红枣、生姜末煮粥成，加盐调匀，撒上葱花即可。

养生功效

甲鱼肉、玄参、红枣三者合用，对乳腺癌有一定的食疗作用。

排骨苦瓜煲陈皮

材料

苦瓜·························· 200 克
排骨·························· 175 克
蒲公英······················· 10 克
陈皮、葱、生姜、盐各适量

做法

❶ 将苦瓜洗净，去籽切块；排骨洗净，斩块汆水；陈皮洗净备用；蒲公英洗净，煎汁去渣备用。

❷ 瓦煲倒入水，置火上，调入葱、生姜，下入排骨、苦瓜煲至八成熟，入陈皮、药汁，调入盐即可。

养生功效

蒲公英有清热解毒、利尿散结作用，可辅助治疗急性乳腺炎；苦瓜清热泻火；陈皮可理气散结、止痛。三者同用，可缓解炎性乳腺癌患者出现的局部皮肤红、肿、热、痛的症状。

苦瓜甘蔗鸡骨汤

材料
甘蔗····················· 200 克
苦瓜····················· 200 克
鸡胸骨····················· 1 副
土茯苓、黄芩、盐各适量

做法
❶ 将鸡胸骨入沸水中氽烫，捞起冲洗干净，再置净锅中，加800毫升水。
❷ 将甘蔗洗净、去皮、切小段；苦瓜洗净、切半，去籽和去白色薄膜，再切块。
❸ 将甘蔗、土茯苓放入有鸡胸骨的锅中，大火煮沸，转小火续煮1个小时，将黄芩和苦瓜放入锅中再煮30分钟，加盐调味即可。

养生功效
　　土茯苓、黄芩、甘蔗、苦瓜四味同食，消炎、杀菌、止痒的效果更佳，对湿热下注引起的阴道炎、盆腔炎均有很好的食疗效果。

车前草猪肚汤

材料
车前草·····················30 克
猪肚····················· 130 克
薏米、赤小豆、蜜枣、盐、淀粉各适量

做法
❶ 将车前草、薏米、赤小豆洗净；猪肚翻转，用盐、淀粉反复搓擦，用清水冲净。
❷ 锅中注水烧沸，加入猪肚氽至收缩，捞出切片。
❸ 将砂煲内注入清水，煮滚后加入所有食材，以小火煲2.5个小时，加盐调味即可。

养生功效
　　车前草、赤小豆、薏米均具有清热解毒、利尿通淋、消炎杀菌的作用，对湿热下注引起的阴道炎、尿道炎、急性肾炎、急性肠炎等感染性疾病均有较好的食疗效果。

淮山土茯苓煲瘦肉

材料
淮山……………………30 克
土茯苓……………………20 克
白花蛇舌草……………… 10 克
猪瘦肉、盐各适量

做法
❶ 将淮山、土茯苓洗净；猪瘦肉切块后洗净，余水。
❷ 将白花蛇舌草洗净，入锅加适量水，煎取药汁备用。
❸ 将水放入瓦煲内，煮沸后加入淮山、土茯苓、猪瘦肉，大火煲滚后，改用小火煲2个小时，最后倒入药汁，加盐调味即可。

养生功效
　　淮山可补气健脾、燥湿止带；白花蛇舌草、土茯苓均可清热解毒、杀菌止痒、利湿止带，对湿热下注引起的阴道炎、白带异常效果较佳。

上汤窝蛋苋菜

材料
鸡蛋………………………　2 个
苋菜…………………… 150 克
上汤、盐、味精、白糖各适量

做法
❶ 将苋菜洗净，下入沸水中稍烫，捞起。
❷ 煲中加入上汤烧开，再加入所有调味料一起煮。
❸ 最后把苋菜加入上汤内，煲沸后打入鸡蛋煮入味即可。

养生功效
　　苋菜味甘、微苦，性凉，具有清热解毒、收敛止血、抗菌消炎、消肿、止痢等功效；鸡蛋可祛风止痒、健脾补虚。二者同食对阴道炎、阴道瘙痒、尿道炎等症均有很好的食疗效果。

绿豆苋菜枸杞子粥

材料
大米······················40 克
绿豆······················40 克
苋菜····················· 100 克
枸杞子、冰糖各适量

做法
❶ 将大米、绿豆均泡发，洗净；苋菜洗净，切碎；枸杞子洗净，备用。
❷ 锅置火上，倒入清水，放入大米、绿豆、枸杞子煮至开火。
❸ 待煮至浓稠状，入苋菜、冰糖稍煮即可。

养生功效
　　绿豆可清热解毒、利尿通淋，可辅助治疗阴道炎、阴道瘙痒以及尿频、尿急、尿痛等尿路感染症状；苋菜可清热利湿、凉血止血，对湿热下注引起的阴道炎、阴道瘙痒、赤白带下等均有较好的食疗作用。

马齿苋荠菜汁

材料
马齿苋················· 200 克
荠菜················· 200 克
盐····················· 适量

做法
❶ 把马齿苋、荠菜洗净，在温开水中浸泡30分钟，取出后连根切碎，放到榨汁机中，榨成汁，备用。
❷ 把榨后的马齿苋、荠菜渣用温开水浸泡10分钟，重复绞榨取汁。
❸ 合并两次的汁，过滤，放在锅里，用小火煮沸，加盐调味即可。

养生功效
　　马齿苋具有清热解毒、燥湿止痒、消肿止痛的功效，荠菜可解毒止血、健脾燥湿。二者配伍对湿热下注引起的阴道炎、外阴瘙痒、尿道炎、白带异常等症均有很好的食疗效果。

金银花连翘甘草茶

材料

金银花·························· 5 克
连翘·························· 5 克
甘草、白糖各适量

做法

❶ 将金银花、连翘、甘草均洗净，煮锅加入400毫升水，放入药材。

❷ 以大火煮开，转小火续煮20分钟。

❸ 加入白糖，熄火取汁即可饮用。

养生功效

　　金银花、连翘具有清热解毒、消炎止痛、排脓敛伤、散结消肿的功效，对因热毒蕴结引起的阴道炎有较好的疗效，症见外阴肿胀、瘙痒或伴烧灼感疼痛，或小便涩痛，排尿不畅，口干舌燥，大便燥结等。甘草也有清热解毒的作用，还可调和金银花、连翘的药性。

绿豆炖鲫鱼

材料

绿豆·····················50 克
鲫鱼·····················1 条
西洋菜、生姜片、胡萝卜、盐、
食用油、高汤、香油各适量

做法

❶ 将胡萝卜去皮、洗净、切片；鲫鱼刮去鳞，去内脏去鳃，洗净备用；西洋菜择洗干净。

❷ 净锅上火，食用油烧热，放入鲫鱼煎炸，煎至两面呈金黄色时捞出。

❸ 砂煲上火，将绿豆、鲫鱼、生姜片、胡萝卜放入煲内，倒高汤，大火炖约40分钟，放入西洋菜稍煮，调入盐、香油即可。

养生功效

　　常食本品可辅助治疗尿频、尿急等尿路感染症状，对尿道炎、肾炎均有一定的疗效。

茯苓西瓜汤

材料

茯苓······30 克
薏米······20 克
西瓜······ 500 克
冬瓜、蜜枣、盐各适量

做法

❶ 将冬瓜、西瓜洗净，切成块；蜜枣、茯苓、薏米洗净。

❷ 将2000毫升水放入瓦煲内，煮沸后加入茯苓、薏米、西瓜、冬瓜、蜜枣，大火煲开后，改用小火煲3个小时，加盐调味即可。

养生功效

茯苓可健脾利水，西瓜、冬瓜、薏米均有清热利尿的作用，以上四者同用，有泻火解毒、利尿通淋的功效，对急性尿道炎引起的排尿不畅、尿色黄赤、排尿涩痛、尿急、尿频等症有一定的食疗作用。

芹菜甘草汤

材料

芹菜······ 100 克
白茅根······20 克
甘草······ 15 克
鸡蛋······ 1 个
盐······ 2 克

做法

❶ 将芹菜洗净、切段；白茅根洗净。

❷ 将芹菜、甘草、白茅根放入锅内，加500毫升水，大火煮沸，煎煮至200毫升时即可关火，滤去渣留汁备用。

❸ 继续烧开，磕入鸡蛋，加盐，趁热服用。

养生功效

白茅根可清热利尿、凉血止血，芹菜可利尿消肿、清热解毒，甘草可清热解毒、调和药性，鸡蛋可益气补虚。同用对尿道炎、急性肾炎均有很好的食疗效果。

通草车前子茶

材料

通草····················· 10 克
车前子··················· 10 克
白茅根··················· 8 克
黄芪····················· 8 克
白糖····················· 10 克

黄芪：益气固表、保肝利尿

做法

❶ 将通草、车前子、白茅根、黄芪洗净，盛入锅中，加1500毫升水煮茶。

❷ 大火煮开后，转小火续煮15分钟。

❸ 煮好后捞出药渣加入白糖即成。

养生功效

通草、车前子、白茅根均有清热解毒、利尿消肿的功效，对尿道炎引起的排尿困难、涩痛，小便短赤，尿血等症有辅助治疗效果。黄芪可补气健脾、化气行水。四味药材配伍，尤其适合慢性尿道炎、肾炎等患者服用。

冬瓜薏米煲鸭

材料

冬瓜······················ 200 克

鸭························· 1 只

桃仁······················ 15 克

丹参、生姜片、玉米、红枣、薏米、
盐、胡椒粉、食用油、香油各适量

做法

❶ 将冬瓜洗净、切块；鸭净毛去内脏，剁件；玉米、丹参、桃仁洗净备用。

❷ 锅上火，食用油烧热，爆香生姜片，加入适量清水，水沸后，下入鸭汆烫，去血水。

❸ 将汆烫后的鸭转入砂锅中，放入生姜片、红枣、薏米烧开后，用小火煲约60分钟后放入冬瓜、桃仁、丹参，煲至冬瓜熟软，调入盐、香油、胡椒粉拌匀即可。

养生功效

　　本品具有清热解毒、活血化淤的功效。

龟板杜仲猪尾汤

材料

龟板······················ 25 克

炒杜仲····················· 30 克

猪尾······················ 600 克

盐························· 3 克

做法

❶ 将猪尾洗净剁段，汆烫捞起，冲洗干净。

❷ 将龟板、炒杜仲冲净备用。

❸ 将猪尾、杜仲、龟板放入炖锅，加适量水以大火煮开，转小火炖40分钟，加盐调味即可。

养生功效

　　龟板可滋阴补肾、固经止血、养血补心，杜仲具有补肝肾、强筋骨、安胎气等功效，猪尾可强腰壮骨。三者合用，对肝肾阴虚或肝肾不足所致的不孕症有很好的食疗效果。

二草赤小豆汤

材料
赤小豆·················· 200 克
益母草····················· 15 克
白花蛇舌草干··········· 15 克
红糖······················· 适量

做法
❶ 赤小豆和中药材洗净，赤小豆以水浸泡。
❷ 将益母草、白花蛇舌草加4碗水，以大火煮滚后转小火，煎煮至剩2碗水的分量滤渣，取药汁备用。
❸ 将药汁加赤小豆以小火续煮1个小时，至赤小豆熟烂，即可加红糖调味食用。

养生功效
　　益母草可凉血解毒、活血化淤、调经止带、燥湿止痒，白花蛇舌草、赤小豆可清热解毒、燥湿止带。三者同用，对盆腔炎有很好的食疗效果，可改善小腹疼痛、白带异常等症状。

薏米黄芩酒

材料
薏米······················50 克
牛膝······················30 克
生地······················30 克
黄芩、当归、川芎、吴茱萸、
枳壳、白酒各适量

做法
❶ 将以上药材捣粗末，装入纱布袋，扎紧。
❷ 置于净器中，入白酒浸泡，封口，置阴凉干燥处，7日后开取，过滤去渣备用。
❸ 一日两次，一次30毫升，饭前服用。

养生功效
　　薏米、黄芩、生地、牛膝均有泻火解毒的功效，可改善白带异常、色黄臭秽的症状；当归、川芎、白酒可活血化淤、行气散结；吴茱萸行气止痛，可改善盆腔炎患者小腹隐隐作痛的症状；枳壳可行气散结、除胀。

丹参红花陈皮饮

材料

丹参······················· 10 克
红花······················· 5 克
陈皮······················· 5 克

做法

❶ 丹参、红花、陈皮洗净备用。

❷ 将丹参、陈皮放入锅中，加适量水，大火煮开，转小火煮5分钟即可关火。

❸ 再放入红花，加盖闷5分钟，倒入杯内，代茶饮用。

养生功效

　　丹参具有活血祛淤、安神宁心、排脓止痛的功效，红花可活血通经、去淤止痛，陈皮可行气散结。三者配伍同用，可辅助治疗气滞血淤型慢性盆腔炎，症见腹部胀痛或刺痛，腹内有包块，胸胁胀痛，月经不调，白带量多等。

三香饮

材料

丁香······················· 10 克
木香······················· 10 克
茴香······················· 适量

做法

❶ 将丁香、木香洗净，入锅中，加水，置火上，大火煮开后转小火续煮5分钟。

❷ 放入茴香，再煮3分钟即可关火。

❸ 滤去药渣，作茶饮。

养生功效

　　丁香具有温里散寒、行气止痛的功效，木香也有行气止痛的作用，而茴香则可温胃散寒。三者合用，可用来辅助治疗气滞血淤或寒凝血淤引起的盆腔炎症，症见小腹冷痛或胀痛、下腹按之有结块、经前乳房胀痛、胸胁满闷或伴有食后腹胀等。

益母草红枣瘦肉汤

材料
益母草·························· 10 克
红枣··························· 8 颗
猪瘦肉························· 200 克
料酒、生姜块、葱段、盐各适量

做法
❶ 将红枣洗净、去核，猪瘦肉洗净、切块，益母草冲洗干净。
❷ 锅中先放入红枣、猪瘦肉、料酒、生姜块、葱段，加入1200毫升水，大火烧沸，改用小火炖煮30分钟。
❸ 再放入益母草，加入盐，稍煮5分钟即成。

养生功效
　　益母草可活血化淤、调经止痛，对女性月经不调有较好的疗效；红枣可益气养血，是贫血患者的常用补益食物，对气血两虚型月经不调，月经量少、颜色淡者有很好的改善作用。

当归三七炖乌鸡

材料
当归························· 20 克
三七························· 7 克
乌鸡······················· 150 克
盐························· 8 克

做法
❶ 将当归、三七洗净，乌鸡洗净、斩件。
❷ 将乌鸡块入滚水中煮5分钟，取出过冷水。
❸ 把全部食材放入煲内，加滚水适量，盖好，小火炖2个小时，加盐调味即可。

养生功效
　　本品具有补益气血、活血化淤的功效，适合血虚有淤之月经不调的患者食用。症见经行腹痛，月经量少，色黯黑有淤块，甚至闭经，舌暗边有淤点，脉细涩。

旱莲草猪肝汤

材料

旱莲草·························· 5 克

猪肝·························· 300 克

葱·························· 1 根

盐·························· 4 克

做法

❶ 将旱莲草放入锅内，加适量水以大火煮开，转小火续煮10分钟；猪肝冲净、切片，备用。

❷ 取汤汁，转中火，待汤一沸，放入猪肝片，待汤再沸，即加盐调味熄火；葱洗净，切丝，撒在汤面即成。

养生功效

　　旱莲草配猪肝，有止血兼补血的作用，对各种出血症均有很好的食疗效果，如月经过多、流鼻血、便血、尿血、牙龈出血、咯血、崩漏都可以通过食用此汤品来缓解出血症状。

黄芪炖生鱼

材料

生鱼·························· 1 条

枸杞子·························· 5 克

红枣·························· 10 颗

黄芪、食用油、盐各适量

做法

❶ 将生鱼宰杀，去内脏，洗净，斩成两段；红枣、枸杞子泡发；黄芪洗净。

❷ 锅中加食用油烧至七成热油温，下入鱼段稍氽后，捞出沥油。

❸ 将鱼、枸杞子、红枣、黄芪一起装入炖盅中，加清水炖30分钟，加入盐调味即可。

养生功效

　　黄芪可补气健脾、助血运行；枸杞子可滋阴补血、补益肝肾；红枣可益气补血；生鱼可补虚益气、疗伤生肌，对气血亏虚引起的月经不调有很好的食疗效果。

生地淮山粥

材料
生地……………………… 10 克
淮山………………………30 克
大米………………………… 100 克
盐、葱花各适量

做法
❶ 将大米洗净，下入冷水中浸泡30分钟后捞出沥干水分备用；生地洗净，下入锅中，加300毫升水熬煮至约剩100毫升时，关火，滤渣取汁待用；淮山洗净，切块。

❷ 锅置火上，加入适量清水，放入大米，以大火煮开，倒入生地汁液；以小火煮至快熟时倒入淮山片，煮至浓稠，撒上葱花，调入盐拌匀即可。

养生功效
　　生地可清热凉血，养阴生津；淮山可补脾养胃，生津益肺。此粥可改善月经不调。

香菇鸡粥

材料
香菇…………………… 6 朵
桂圆肉………………… 15 克
鸡腿、大米、盐各适量

做法
❶ 将鸡腿洗净，剁成块。
❷ 将香菇用温水泡发，大米洗净。
❸ 将大米放入煲中，加清水适量，煲开后，稍煮一会儿，再下入香菇、鸡块、桂圆肉，煲成粥后放入盐调味即可。

养生功效
　　桂圆肉是药食两用的补血佳品，对一切血虚症均有很好的食疗效果，常食可改善血虚引起的月经不调。香菇富含多种微量元素和维生素，与鸡肉配伍具有益气补虚的功效，对体质虚弱者有很好的食疗作用。

鸽子莲子红枣汤

材料

鸽子························ 1只
莲子························60克
红枣························25克
生姜片、食用油、盐、味精各适量

做法

❶ 将鸽子洗净，斩成小块，入沸水中汆去血水后，捞出沥干；莲子、红枣泡发洗净。

❷ 炒锅置火上，加油烧热，用生姜片爆锅，下入鸽块稍炒后，加适量清水，下入红枣、莲子一起炖35分钟至熟，加盐、味精调味即可。

养生功效

　　鸽肉、红枣均具有补气血的功效，常食可改善贫血造成的月经不调、痛经。莲子镇静安神，对月经期精神紧张、睡眠不佳者有很好的安神助眠作用。

肉桂生姜粥

材料

肉桂······················ 8克
大米······················ 100克
生姜片、盐、葱花各适量

做法

❶ 将大米泡发，30分钟后捞出沥干水分，备用；肉桂洗净，与生姜片一起加水煮好，取汁待用。

❷ 锅置火上，加入适量清水，放入大米，以大火煮开，再倒入肉桂汁。

❸ 以小火煮至浓稠状，调入盐拌匀，再撒上葱花即可。

养生功效

　　肉桂具有温里、散寒、行气、止痛的功效，对寒凝血淤引起的痛经有很好的疗效；生姜具有散寒止痛的功效。两者配伍，效果更佳，可改善痛经、四肢冰凉、月经色暗有血块等症状。

菠菜芝麻卷

材料
菠菜………………… 200 克
豆皮………………… 1 张
芝麻………………… 10 克
盐…………………… 3 克
味精、香油、食用油、酱油各适量

豆皮: 宽中下气、补脾益气

做法
❶ 将菠菜洗净、切碎,芝麻炒香,备用。

❷ 将豆皮入沸水中煮1分钟,捞出,菠菜汆熟后捞出,沥干水分,同芝麻一起加入盐、酱油、味精和香油拌匀。

❸ 豆皮平放,放上菠菜,卷起(卷豆皮时要卷紧,不要松散),末端抹上食用油,切成马蹄形,即可。

养生功效
　　菠菜富含铁元素和维生素 K,可促生红细胞,可改善女性贫血,对血虚引起的痛经有很好的作用;芝麻有滋补肝肾、镇静、解痉挛的功效,可改善因焦虑、紧张引起的痛经症状。

红糖西瓜饮

材料

西瓜⋯⋯⋯⋯⋯⋯⋯ 200 克
橙子⋯⋯⋯⋯⋯⋯⋯ 100 克
红糖⋯⋯⋯⋯⋯⋯⋯ 50 克
生姜⋯⋯⋯⋯⋯⋯⋯ 10 克

做法

❶ 将橙子洗净、切片；西瓜洗净、去皮，取西瓜肉；生姜洗净，切成末。

❷ 将红糖、生姜用开水冲开，拌匀备用。

❸ 将橙子和西瓜肉放入榨汁机榨出汁，倒入杯中；兑入红糖生姜水，按分层法轻轻注入杯中，加入装饰即可。

养生功效

　　西瓜、橙子均富含维生素 C，可改善紧张、烦躁等症状；红糖具有补血散寒、行气活血的功效；生姜可温里散寒，对改善痛经有很好的疗效。

田螺墨鱼骨汤

材料

大田螺⋯⋯⋯⋯⋯⋯ 200 克
猪肉⋯⋯⋯⋯⋯⋯⋯ 100 克
墨鱼骨⋯⋯⋯⋯⋯⋯ 20 克
川芎、蜂蜜各适量

做法

❶ 将墨鱼骨用清水洗净备用。

❷ 大田螺取肉，猪肉切片，同放于砂锅中，注入清水500毫升，煮成浓汁。

❸ 将墨鱼骨和川芎加入浓汁中，再用小火煮至肉质熟烂成羹，调入蜂蜜即可。

养生功效

　　墨鱼可滋阴养血、对改善阴血亏虚引起的闭经、月经量少等症有较好的食疗效果；川芎行气活血、调经止痛，对气滞血淤引起的闭经、小腹隐痛或刺痛等症有很好的疗效。

参归枣鸡汤

材料

党参······················· 15 克
当归······················· 15 克
红枣······················· 8 颗
鸡腿、盐各适量

做法

❶ 将鸡腿斩块，放入沸水中氽烫，捞起用水冲净。

❷ 将鸡腿、党参、当归、红枣一起入锅，加7碗水以大火煮开，转小火续煮30分钟。

❸ 起锅前加盐调味即可。

养生功效

该汤具有补血活血、调经理气的作用，可改善因贫血造成闭经、月经量少等症状。党参、当归配伍可补气养血，促生红细胞，增强机体的造血功能，红枣补益中气、养血补虚，是女性月经病的调养佳品。

红枣核桃仁乌鸡汤

材料

红枣······················· 8 颗
核桃仁···················· 20 克
乌鸡······················· 250 克
盐························· 3 克
姜片······················· 5 克
葱花、枸杞子各适量

做法

❶ 乌鸡洗净，斩块氽水；红枣、核桃仁洗净。

❷ 净锅上火倒入水，调入盐、姜片、葱花，下入乌鸡、红枣、核桃仁、枸杞子。

❸ 煲至乌鸡熟烂即可。

养生功效

本品具有滋补肝肾、益气补血、滋阴清热、调经活血、安神益智、润肠通便等功效，特别是对女性的气虚、血虚、脾虚、肾虚等症，以及女性更年期综合征尤为有效。

桃仁当归瘦肉汤

材料

猪瘦肉……………… 500 克
当归………………… 30 克
桃仁………………… 15 克
生姜片、葱段、盐各适量

做法

❶ 将猪瘦肉洗净、切件，桃仁洗净，当归洗净、切片，猪瘦肉入水汆去血水后捞出。

❷ 将猪瘦肉、桃仁、当归、姜片、葱段放入炖盅，加入清水；大火炖1个小时后，调入盐，转小火炖熟即可。

养生功效

　　桃仁可活血化淤、调经通便，对治疗血淤闭经有很好的食疗效果；当归补血、活血，是治疗女性月经不调、闭经、痛经的良药，可改善血淤或血虚引起的闭经症状。两者配伍，可增强活血调经之效。

玫瑰益母草茶

材料

玫瑰花……………… 7 朵
益母草……………… 10 克

做法

❶ 将玫瑰花、益母草略洗，去除杂质。

❷ 将玫瑰花及益母草放入锅中，加600毫升水，大火煮开后再煮5分钟。

❸ 关火后倒入杯中即可饮用。

养生功效

　　玫瑰花具有疏肝解郁、活血通经的功效，对因长期抑郁或突然遭受打击引起心情抑郁而造成中枢神经系统功能受抑制，使卵巢功能紊乱而致闭经的患者有一定的食疗效果。益母草具有活血通经的功效，可改善气滞血淤引起的月经紊乱、闭经、乳房胀痛等症状。

黑豆益母草瘦肉汤

材料
猪瘦肉·················· 250 克
黑豆····················· 50 克
益母草··················· 20 克
枸杞子、盐、鸡精各适量

做法
❶ 将猪瘦肉洗净、切件、氽水，黑豆、枸杞子洗净、浸泡，益母草洗净。
❷ 将猪瘦肉、黑豆、枸杞子放入锅中，加入清水慢炖2个小时。
❸ 放入益母草稍炖，调入盐和鸡精即可。

虫草红枣炖甲鱼

材料
甲鱼······················ 1 只
冬虫夏草、红枣、料酒、盐、味精、葱、生姜片、蒜、鸡汤各适量

做法
❶ 将甲鱼宰杀洗净，切成块，入锅内煮沸，捞出；冬虫夏草洗净；红枣用开水浸泡。
❷ 甲鱼放入砂锅，再放入冬虫夏草、红枣，加料酒、盐、味精、葱、生姜片、蒜、鸡汤，炖2个小时取出，去葱、生姜片即成。

木瓜墨鱼汤

材料
木瓜··················· 500 克
墨鱼··················· 250 克
红枣、生姜、盐各适量

做法
❶ 将木瓜去皮、籽，洗净，切块；将墨鱼洗净，取出墨鱼骨。
❷ 将红枣浸软，去核，洗净。
❸ 将全部食材放入砂煲内，加水，大火煮沸后，改小火煲2个小时，加盐调味即可。

四物鸡汤

材料
鸡腿····················· 150 克
熟地····················· 25 克
当归····················· 15 克
川芎、炒白芍、盐各适量

当归：补血活血、调经止痛

做法
❶ 将鸡腿剁块，放入沸水中汆烫，捞出冲净；药材以清水快速冲净。
❷ 鸡腿和所有药材放入炖锅，加水大火煮开后转小火续炖40分钟，加盐调味即可。

养生功效
　　本品有效改善女性面色萎黄或苍白、神疲乏力、月经不调等症状。

板栗羊肉汤

材料

枸杞子······················20 克
羊肉······················ 150 克
板栗······················30 克
吴茱萸、桂枝、盐各适量

做法

❶ 将羊肉洗净、切块；板栗去壳，洗净切块；枸杞子洗净，备用。

❷ 将吴茱萸、桂枝洗净，煎取药汁备用。

❸ 锅内加适量水，放入羊肉块、板栗块、枸杞子，大火烧沸，改用小火煮20分钟，再倒入药汁，续煮10分钟，调入盐即成。

养生功效

　　羊肉、吴茱萸、桂枝均有暖宫散寒、温经活血的作用，板栗、枸杞子有滋阴补肾的效果，配伍同用，对肝肾不足、小腹冰凉、畏寒怕冷、阳虚宫寒不孕的患者有很好的食疗效果。

鲍汁鲜腐竹焖海参

材料

鲜腐竹················ 200 克
水发海参·············· 200 克
西蓝花················ 100 克
香菇、炸蒜子、葱、盐、生姜片、白糖、食用油、蚝油、老抽各适量

做法

❶ 锅入水，下入生姜片、葱、海参煮入味。

❷ 油锅置火上，将鲜腐竹煎至两面金黄色待用，西蓝花汆熟待用。

❸ 起锅爆香生姜片、炸蒜子、葱，下入鲜腐竹、海参、香菇略焖，再下入白糖、老抽、蚝油焖至入味后装盘，西蓝花围边即可。

养生功效

　　海参可补肾益精、养血润燥、调经、养胎，对于虚劳瘦弱、气血不足或肾气亏虚、月经不调等因素所造成的不孕均有很好的食疗作用。

芥菜猪腰汤

材料

猪腰·················· 200 克
芥菜·················· 300 克
生地·················· 10 克
盐、味精、料酒、高汤各适量

做法

1. 将猪腰片开，剔去腰臊，切片，用盐、料酒稍腌；芥菜洗净，切成段；生地洗净。
2. 锅中下入高汤煮沸，再下入生地，小火煎煮10分钟，再放入芥菜、猪腰片，煮熟后加盐、味精调味即可。

苦瓜败酱草瘦肉汤

材料

猪瘦肉·················· 400 克
苦瓜·················· 200 克
败酱草、盐、鸡精各适量

做法

1. 将猪瘦肉洗净、切块，氽去血水；苦瓜洗净、去瓤、切片；败酱草洗净、切段。
2. 锅中注水烧沸，放入猪瘦肉、苦瓜慢炖。
3. 1个小时后放入败酱草再炖30分钟，加入盐和鸡精调味即可。

佛手山楂猪肝汤

材料

佛手·················· 10 克
山楂·················· 10 克
陈皮、猪肝、盐、香油、料酒各适量

做法

1. 将猪肝洗净、切片；佛手、山楂、陈皮洗净，加沸水浸泡1个小时后去渣取汁。
2. 碗中放入猪肝片，加药汁和盐、料酒，隔水蒸熟。
3. 将猪肝取出，放少许香油调味即可。

鹿茸黄芪煲鸡

材料
鸡肉·····················500 克
猪瘦肉·················300 克
鹿茸·····················20 克
黄芪、生姜、盐各适量

做法
❶ 将鹿茸片、黄芪洗净；生姜去皮、切片；
猪瘦肉切成厚块。
❷ 将鸡肉洗净，斩成块，放入沸水中氽去血
水后捞出。
❸ 锅内注入水，下入所有食材大火煲沸后，
再改小火煲3个小时，调入盐即可。

养生功效
　　鹿茸能补肾壮阳、益精生血，黄芪可以健
脾益气、补虚。两者合用，对肾阳不足、脾胃
虚弱、精血亏虚所致的卵巢早衰、宫冷不孕、
尿频遗尿、腰膝酸软等症均有较好的效果。

双色蛤蜊

材料
白萝卜球·············200 克
胡萝卜球·············200 克
蛤蜊·····················250 克
芹菜末、肉苁蓉、当归、淀粉、盐各适量

做法
❶ 胡萝卜球、白萝卜球煮熟；淀粉加水拌匀
备用；蛤蜊洗净，放入蒸笼，中火蒸10分
钟，取肉、汤汁备用。
❷ 肉苁蓉、当归加水，放入锅中煮35分钟，
滤取药汁；将胡萝卜球、白萝卜球、蛤肉
汁加1/4碗水，用小火焖煮3分钟，加入水
淀粉勾芡；放入蛤蜊肉及芹菜末、药汁、
盐，拌匀即可。

养生功效
　　当归可补血、活血、调经，与肉苁蓉合用，
对卵巢早衰有很好的疗效。

麦枣甘草排骨汤

材料

小麦····················· 100 克
红枣····················· 10 颗
甘草····················· 15 克
白萝卜··················· 250 克
排骨····················· 250 克
盐······················· 5 克

做法

❶ 将小麦淘净，以清水浸泡1个小时，沥干；红枣、甘草洗净。

❷ 将排骨洗净斩件，汆水，捞起洗净；白萝卜削皮，洗净，切块。

❸ 将所有食材放入锅中，加适量水，以大火煮沸后转小火炖40分钟，加盐调味即可。

养生功效

　　小麦、红枣、甘草合用炖成甘麦红枣汤，是治疗女性脏燥的良方，对肝气郁结导致的卵巢功能异常，雌激素水平下降造成的卵巢早衰、闭经、不孕有一定的辅助治疗作用。

白萝卜： 下气消食、解毒生津

当归红枣牛肉汤

材料

牛肉·················· 500 克

当归·················· 50 克

红枣·················· 10 颗

盐、味精各适量

做法

❶ 将牛肉洗净、切块，当归、红枣洗净。

❷ 将牛肉、当归、红枣放入煲内，加适量水，大火煲至水开，改用小火煲2~3个小时，加盐、味精调味即可。

养生功效

　　红枣营养丰富,既含蛋白质、粗纤维、糖类、有机酸、黏液质和钙、磷、铁等，又含有多种维生素，能抗衰老，有"天然维生素丸"之美称；当归可补血、调经；牛肉可益气补虚。三者同用，对卵巢早衰有较好的辅助治疗作用。

淮山黄精炖鸡

材料

黄精·················· 30 克

淮山·················· 100 克

鸡肉·················· 1000 克

盐·················· 4 克

做法

❶ 将鸡肉洗净、切块，入沸水中去血水；黄精、淮山洗净备用。

❷ 把鸡肉、黄精、淮山一起放入炖盅，加水适量。

❸ 隔水炖熟，下入盐调味即可。

养生功效

　　黄精具有滋阴益肾、健脾润肺的功效；淮山可健脾补肾，鸡肉可益气补虚。三者同食，对肝肾阴虚所致的卵巢早衰有很好的疗效，能有效调理肾与卵巢的功能，改善低雌激素症状，包括潮热、盗汗、性欲低下等。

茅根马蹄猪瘦肉汤

材料

白茅根⋯⋯⋯⋯⋯⋯⋯⋯ 15 克

马蹄⋯⋯⋯⋯⋯⋯⋯⋯⋯ 10 个

猪瘦肉⋯⋯⋯⋯⋯⋯⋯⋯ 300 克

生姜片、盐各适量

做法

❶ 将白茅根洗净，切成小段；马蹄洗净、去皮；猪瘦肉洗净、切块。

❷ 将洗净的食材一同放入砂煲内，注入适量清水，大火煲沸后改小火煲2个小时。

❸ 加盐调味即可。

养生功效

白茅根具有清热解毒、凉血止血、利尿通淋的功效，对阴道炎、宫颈炎、痢疾以及各种出血症等均有疗效；马蹄能清热利尿、滋阴补肾，对宫颈炎、阴道炎、尿路感染等均有很好的食疗效果。

菟丝子大米粥

材料

大米⋯⋯⋯⋯⋯⋯⋯⋯ 100 克

菟丝子⋯⋯⋯⋯⋯⋯⋯⋯20 克

白糖、葱各适量

做法

❶ 将大米淘洗干净，置于冷水中浸泡30分钟后捞出沥干水分，备用；菟丝子洗净；葱洗净、切花。

❷ 锅置火上，倒入清水，放入大米，以大火煮至米粒开花。

❸ 再加入菟丝子煮至浓稠状，撒上葱花，调入白糖拌匀即可。

养生功效

菟丝子具有滋补肝肾、理气安胎、明目、止泻的功效，对肝肾亏虚引起的胎动不安、腰膝酸软、神疲乏力等症均有很好的疗效。